服装高等教育"十二五"部委级规划教材（高职高专）

# 服装工业制板实训教程

叶清珠　主编

U0279761

中国纺织出版社

# 内 容 提 要

本书是服装高等教育"十二五"部委级规划教材（高职高专）。全书系统介绍了服装工业制板的基础知识及各类服装的制板实训，是一本实操性较强的专业书籍。全书由服装工业制板的基础知识、人体测量及服装号型标准、服装工业推板原理、各种类型的服装工业制板实例、服装排料、样板管理等内容组成，并根据国家最新发布的服装号型标准来制定服装成品规格，书中的制板实例多来自企业生产一线。该书既适合院校服装专业的师生使用，又可供服装企业制板人员参考。

## 图书在版编目（CIP）数据

服装工业制板实训教程／叶清珠主编. --北京：中国纺织出版社，2014.3

服装高等教育"十二五"部委级规划教材. 高职高专

ISBN 978-7-5180-0209-2

Ⅰ.①服…　Ⅱ.①叶…　Ⅲ.①服装量裁—高等职业教育—教材　Ⅳ.①TS941.631

中国版本图书馆CIP数据核字（2013）第275721号

---

策划编辑：魏　萌　　责任编辑：杨美艳　　责任校对：梁　颖
责任设计：何　建　　责任印制：储志伟

---

中国纺织出版社出版发行
地址：北京市朝阳区百子湾东里A407号楼　邮政编码：100124
销售电话：010—87155894　传真：010—87155801
http://www.c-textilep.com
E-mail：faxing@c-textilep.com
官方微博http://weibo.com/2119887771
三河市宏盛印务有限公司印刷　各地新华书店经销
2014年2月第1版第1次印刷
开本：787×1092　1/16　印张：14
字数：230千字　定价：36.00元

---

凡购本书，如有缺页、倒页、脱页，由本社图书营销中心调换

# 出版者的话

《国家中长期教育改革和发展规划纲要》（简称《纲要》）中提出"要大力发展职业教育"。职业教育要"把提高质量作为重点。以服务为宗旨，以就业为导向，推进教育教学改革。实行工学结合、校企合作、顶岗实习的人才培养模式"。为全面贯彻落实《纲要》，中国纺织服装教育协会协同中国纺织出版社，认真组织制订"十二五"部委级教材规划，组织专家对各院校上报的"十二五"规划教材选题进行认真评选，力求使教材出版与教学改革和课程建设发展相适应，并对项目式教学模式的配套教材进行了探索，充分体现职业技能培养的特点。在教材的编写上重视实践和实训环节内容，使教材内容具有以下三个特点：

（1）围绕一个核心——育人目标。根据教育规律和课程设置特点，从培养学生学习兴趣和提高职业技能入手，教材内容围绕生产实际和教学需要展开，形式上力求突出重点，强调实践。附有课程设置指导，并于章首介绍本章知识点、重点、难点及专业技能，章后附形式多样的思考题等，提高教材的可读性，增加学生学习兴趣和自学能力。

（2）突出一个环节——实践环节。教材出版突出高职教育和应用性学科的特点，注重理论与生产实践的结合，有针对性地设置教材内容，增加实践、实验内容，并通过多媒体等形式，直观反映生产实践的最新成果。

（3）实现一个立体——开发立体化教材体系。充分利用现代教育技术手段，构建数字教育资源平台，开发教学课件、音像制品、素材库、试题库等多种立体化的配套教材，以直观的形式和丰富的表达充分展现教学内容。

教材出版是教育发展中的重要组成部分，为出版高质量的教材，出版社严格甄选作者，组织专家评审，并对出版全过程进行跟踪，及时了解教材编写进度、编写质量，力求做到作者权威、编辑专业、审读严格、精品出版。我们愿与院校一起，共同探讨、完善教材出版，不断推出精品教材，以适应我国职业教育的发展要求。

中国纺织出版社

教材出版中心

# 前言

国家"十二五"规划要求进一步提高职业教育的就业贡献率，加强职业技能开发，加强学生的择业、就业和创业能力建设。教育部副部长鲁昕在2011年度全国职业教育与成人教育工作会议上也指出：要更新人才观念，培养学生的职业道德、职业技能、就业创业能力以及综合职业素养，不仅教会学生一技之长，而且培养其成为全面发展的高端技能型人才。因此，我们落实以企业真实工作任务为载体的工学结合人才培养模式，推行"工学交替"，强调学生的实践能力、创业能力和职业素养。在专业建设上，强调专业特色，深化课程内容、教学方法与评价方式的改革，进一步完善专业教学计划，提高专业办学水平，探索将实际工作过程与专业教学有机结合的途径和方式，将职业岗位所需的关键能力培养融入专业教学中，确定了基于工作过程的职业情境系统化课程体系，使教育成效能向"十二五"规划要求靠拢。

同时，我们建立校企合作委员会，在校企合作委员会的统一协调和管理下，与企业建立互动共赢的校企合作长效机制，在人才培养和科技创新等方面开展全方位合作，大力推进服装专业高职教育水平，解决制约高职教育发展的三大问题（师资、设备、技术），探索有特色的工学结合人才培养模式。学校组织学生在课堂里学习专业知识、专业技能，到企业一线参与生产实践，让学生带着专业理论知识进工厂，又从工厂带着实践技能回学校，反复加强，更有效地提高学生的专业水平，达到"工学结合"的目的，从而培养出合格的服装专业技能型人才，为服装企业服务，促进服装产业的发展。

我国服装产业主要有两大类型，一是以订单生产、加工为核心的生产型企业，二是以开发、生产、销售为一体的自主品牌企业，如七匹狼、劲霸、格林集团、雅戈尔等。这些服装企业注重产品开发、生产过程中的技术应用，而工业制板既是服装生产的核心技术，又是服装企业重要的生产环节，服装工业制板也是服装专业的必修课程，因此编写一本具有实际指导意义的工业制板教材非常有必要。

本书的编写，我们结合人才培养模式与教学方法的改革，遵循把完整理论知识与企业实际有机结合的原则：（1）将国家服装号型标准作为书中规格尺寸编写的依据；（2）制板理论基础知识较全面，制板实例涉及款式类型也较广泛；（3）编写内容以企业生产技术为参考，直接取材于企业，并由具有打板经验的技师审核指导。

本书系统介绍了服装工业制板的基础知识及各类服装的制板实训，是一本实践性很强的专业书籍。全书由服装制板基础知识、人体测量及服装号型标准、服装推板的原理、各种类型的服装制板实例、样板管理等组成。本书既适合院校服装专业的师生使用，又可供服装企业制板人员参考。

全书由三明职业技术学院叶清珠负责统稿，第一、第三至第七章内容由叶清珠编写，第二章由黎明职业大学张华玲编写，第八章由泉州红瑞兴纺织有限公司张清海与叶清珠共同编写，附录由张清海提供，同时赛琪服饰有限公司的孙永和为该书各款服装的规格设置及制板方案提供了宝贵建议。

由于编者水平有限，书中难免有不足之处，望广大读者指正。

编　者

2013年9月

# 教学内容及课时安排

| 章/课时 | 课程性质/课时 | 节 | 课程内容 |
|---|---|---|---|
| 第一章<br>（4课时） | 基础理论<br>（12课时） | | ·服装制板基础 |
| | | 一 | 服装工业样板概述 |
| | | 二 | 服装制板流程 |
| | | 三 | 服装制板基础知识 |
| 第二章<br>（4课时） | | | ·人体测量及服装号型标准 |
| | | 一 | 人体测量知识 |
| | | 二 | 服装号型标准 |
| 第三章<br>（4课时） | | | ·服装样板缩放原理及技术 |
| | | 一 | 服装样板缩放原理 |
| | | 二 | 服装样板推档方法 |
| 第四章<br>（54课时） | 理论与实训<br>（120课时） | | ·女装制板实训 |
| | | 一 | 西装裙制板 |
| | | 二 | 斜裙制板 |
| | | 三 | 塔裙制板 |
| | | 四 | 女裤制板 |
| | | 五 | 女衬衫制板 |
| | | 六 | 女春秋衫制板 |
| | | 七 | 女西装制板 |
| | | 八 | 女大衣制板 |
| | | 九 | 女旗袍制板 |
| 第五章<br>（36课时） | | | ·男装制板实训 |
| | | 一 | 男西裤制板 |
| | | 二 | 男牛仔裤制板 |
| | | 三 | 男衬衫制板 |
| | | 四 | 男夹克制板 |
| | | 五 | 男西装制板 |
| | | 六 | 男大衣制板 |
| 第六章<br>（24课时） | | | ·童装制板实训 |
| | | 一 | 儿童休闲裤制板 |
| | | 二 | 儿童背带裤制板 |
| | | 三 | 儿童衬衫制板 |
| | | 四 | 儿童夹克制板 |
| 第七章<br>（6课时） | | | ·服装排料 |
| | | 一 | 服装排料基础知识 |
| | | 二 | 服装排料实例 |
| 第八章<br>（2课时） | 理论与应用<br>（2课时） | | ·服装样板管理 |

注　各院校可根据自身的教学特点和教学计划对课程时数进行调整。

# 目录

**基础理论——**

## 服装制板基础

**课题名称：** 服装制板基础

**课题内容：** 1．服装工业样板概述

2．服装制板流程

3．服装制板基础知识

**课题时间：** 4课时

**教学目的：** 1．了解工业样板的概念及特征。

2．掌握工业样板的种类。

3．掌握服装制板的相关基础知识。

4．了解服装制板的流程种类及流程步骤。

**教学重点：** 工业样板的种类、制板的流程。

**教学要求：** 1．让学生在企业实训基地了解板房的相关工作内容。

2．以具体的订单为例，为学生讲解工业样板的制作过程。

3．讲解工业制板的相关基础知识及流程。

# 第一章 服装制板基础

## 第一节 服装工业样板概述

### 一、服装工业样板的概念

#### 1. 服装工业样板的概念

服装工业样板是企业从事服装生产所使用的一种模板，要求符合款式要求、面料要求、规格尺寸要求，是一套便于裁剪、缝制、后整理的纸样样板。它主要包含制板（打样母板）与推板（推档放缩）两个主要部分，是一套涵盖服装产品各个规格的系列化样板（图1-1）。

图1-1 打印裁剪好的一整套系列化样板

#### 2. 工业制板与结构制图的联系与区别

在服装制板中，很多初学者常常会将工业制板与结构制图混淆为同一概念，其实工业制板与结构制图是服装制板中两个不同的概念范畴，二者之间有联系，也有区别。

（1）联系：服装工业制板是以结构制图（纸样）为基础，结构制图是工业制板的前提，结构制图产生了工业样板中的母板，结构制图正确与否关系到工业样板的标准与否。

（2）区别：

①结构制图只是绘制系列规格号型中的一个号型（一般取中间号型规格）；而工业制板需要将一个系列规格号型所包含的系列样板一片不漏地绘制出来，系列化要求较高。

②结构制图适合单件或数量较少的服装生产，有时可省略一些部件或其他纸样的绘制；工业制板适用于大批量服装生产，必须全面详细地绘制出结构图，制作出所有生产所需样板，同时在原始阶段就必须考虑服装生产中的缩率问题。

③结构制图在操作过程中可省略其中的程序，比如可直接在面料上进行操作（单件服装结构设计时）；而工业制板则必须严格按照规格标准、工艺要求进行设计和制作，样板上必须有相应的符合规范的符号或文字说明，还必须有严格、详细的工艺说明书；工业制板要求做到标准化、系列化、规格化。

## 二、工业样板的种类

一般情况下，服装工业样板可分为裁剪样板和工艺样板两大类。

### 1. 裁剪样板

裁剪样板如图1-2所示，裁床上，铺在面料最上层的纸板为裁剪用样板，主要用于批量裁剪，可分为面、里、衬等样板。

图1-2　面料裁剪

（1）面料样板（图1-3）：一般是加有缝份或折边等的毛板纸样。

（2）衬里样板：主要是用于遮住有网眼的面料，衬里纸样与面料纸样一样大，通常面料与衬里一起缝合。

（3）里子样板（图1-4）：很少分割，里子样板的缝份比面料样板的缝份大0.5～1.5cm，而有折边的部位（如下摆、袖口）里子样板的缝份小于面料样板的缝份。

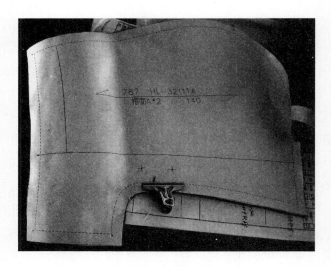

图1-3 帽子面料样板

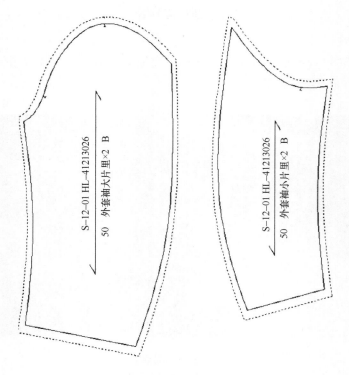

图1-4 袖子里布样板

（4）衬布样板（图1-5）：衬布分为有纺衬和无纺衬、可缝衬和可黏合衬，样板有毛板和净板两种。

（5）内衬样板（图1-6）：介于衣片与里子之间，比里子纸样稍大些。比如各种絮填料。

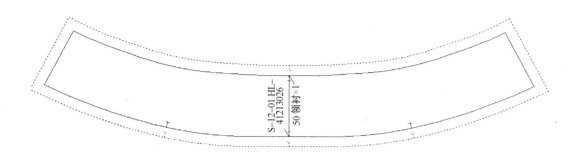

图1-5 领子衬布样板

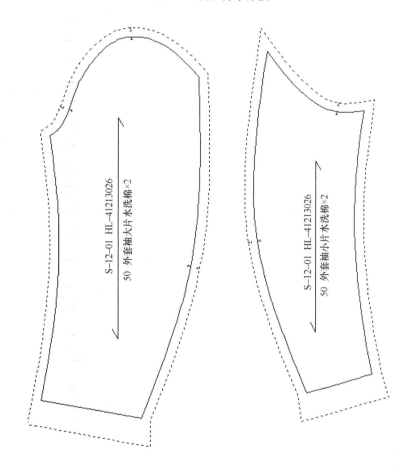

图1-6 袖子夹层中水洗棉样板

（6）辅助样板：起到辅助裁剪的作用，多为毛板。

**2. 工艺样板**

工艺样板是针对有利于成衣工艺在裁剪、缝样、后整理中顺利进行而需要使用的辅助性样板的总称，有定型样板、定位样板、修正样板等。

（1）定型样板（图1-7）：用于缝制加工过程中，确保服装某些部位的形状不变。定型样板应选择较硬而又耐磨的材料，且要求不允许有误差，一般可用无缩率的硬纸板、塑料板或砂纸（不会移动）。定型样板包括袋盖板、领、驳头、口袋及其他小部件等。

（2）定位样板（图1-8）：主要用于缝制过程中或成型后，确定某部位、部件的正确位置，如门襟眼位、扣位板、省道定位、口袋位置、绣花装饰位置等，即用于半成品中某些部件的定位。

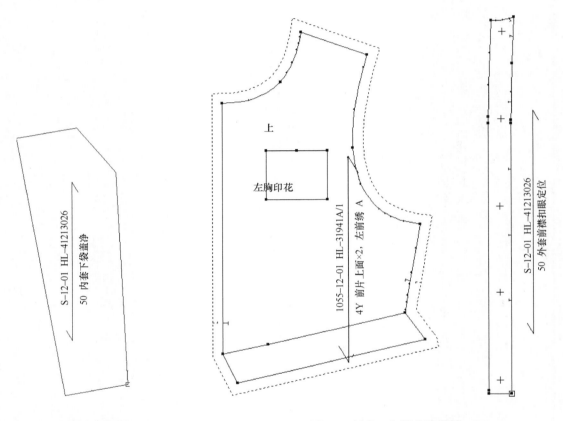

图1-7　袋盖定型样板　　　　　　　　图1-8　绣花、扣眼定位样板

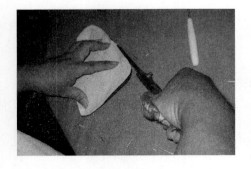

图1-9　用修正样板进行裁片修正

（3）修正样板：主要用于校正裁片，如图1-9所示。有些情况如服装需对格、对条，或西服经过高温加压黏衬后，会发生热缩等变形现象，这就需要用修正样板进行修正。修正样板在面料烫缩后，确定尺寸、核对丝缕、对条格、核定规格等情况中使用。

（4）辅助纸样：与裁剪用纸样中的辅助纸样有很大的不同，辅助纸样只在缝制和整烫过程中起辅助作用。比如在轻薄的面料上缝制暗褶后，为防止熨烫正面产生褶皱，在裥的下面衬上窄条，这个窄条就是起到辅助作用的纸样。

# 第二节　服装制板流程

服装企业根据各自的成衣生产方式，有不同的制板依据。一般情况下，制板的依据有如下三种：

（1）根据客户提供的样品（Sample）及订单（Order）来制板。

（2）只根据订单和款式图、服装效果图或结构图来制板。

（3）只根据样品而无其他任何资料来制板。

## 一、根据客户提供的样品及订单来制板的流程

大多服装生产企业，尤其是外贸加工型服装企业经常采用此方式。由于它比较规范，生产过程有据可循，所以业务部门、技术部门、生产部门以及品管部门都乐于接受此种流程方式。这种流程方式的实施过程见表1-1。

表1-1　根据客户提供的样品及订单来制板的流程表

| 流程 | 内容 | 注意事项 |
|---|---|---|
| （一）分析订单、样品 | 1. 面料分析，如缩水率、热缩率、倒顺毛、对条格以及成品水洗缩率等<br>2. 辅料分析，如规格、使用部位等<br>3. 样品、款式图分析，了解服装的结构、分割线位置、部件组合等<br>4. 规格尺寸分析，如具体测量的部位和方法，小部件的尺寸确定等<br>5. 工艺分析，如裁剪工艺、缝制工艺、整烫工艺、锁眼钉扣工艺等<br>6. 包装、装箱分析，如平面包装、立体包装及单色单码装箱、单色混码装箱、混色混码装箱等 | 1. 面辅料分析要严格准确<br>2. 对订单内容要求、样品特征要充分熟悉<br>3. 对订单明细不清楚的要及时反馈给经理或理单员 |
| （二）打样衣板 | 1. 确定中间标准规格、细部尺寸<br>2. 根据款式特点和订单要求，确定制板方案（比例法、原型法或其他方法）<br>3. 绘制中间规格样板（封样板）<br>4. 封样品裁剪、缝制、后整理<br>5. 封样品分析、会诊，修改封样板，并确定投产用中间标准号型纸样 | 1. 尺寸应正确<br>2. 注意板型，样板应符合样品<br>3. 不可缺板<br>4. 特别注意对格的特殊打板方法<br>5. 样品成品水洗需制定洗前尺寸表<br>6. 封样板修改应完全按照会诊结果进行 |
| （三）打生产板 | 1. 推板，根据规格尺寸表打出包括各个规格的系列化样板<br>2. 检查全套样板是否齐全，核对尺寸及样板片数，不可缺板、净板、定位板、印绣花板等都要齐全<br>3. 核对服装板型，对于特殊面料要采取特殊方法<br>4. 缝制产前样，制定生产单、工艺说明书以及面、辅料生产计划单 | 1. 样板齐全，标注清晰明确，不可缺板<br>2. 注意板型<br>3. 拉链、捆条使用正确<br>4. 尺寸不合理要反馈经理<br>5. 下单不明要反馈理单员<br>6. 有特殊工艺的，应注明，如棉服中绗棉线是否压过印绣花需在样板中注明 |

| 流程 | 内容 | 注意事项 |
|---|---|---|
| （四）查板 | 1. 核对是否符合订单要求，是否与样品一致<br>2. 核对尺寸及样板数量<br>3. 拉链、捆条、胶条等有改动的，需用红笔画掉错误的数据，旁边写明正确尺寸并签上负责人名，填日期<br>4. 成品布料在整烫时会收缩的，打板员应在封样成品查板时（未整烫）量尺寸记录，再整烫、测量尺寸调整样板缩率<br>5. 各种工艺样板应注明上下左右，如有印绣花应核对印绣花实物与纸板大小是否相符 | 1. 不可缺板，各种裁剪样板、工艺样板应齐全<br>2. 应进行外观审美<br>3. 成品尺寸要符合尺寸表<br>4. 查板后评审单上注明更改的内容，并签名，填日期<br>5. 理单及打板如有改动,改动完成后要签名,填日期 |
| （五）排料 | 1. 核对样衣，确认该款已查好板<br>2. 按照样衣的不同部位，根据布料的种类及颜色分好纸板<br>3. 根据生产单里各规格、各花色的数量，合理安排排板比例<br>4. 按分配设置好的纸板完成排板作业<br>5. 对排好的板面进行仔细核对，数量、颜色搭配、布料种类、纱向要正确，各细节不能出差错 | 1. 样衣与排板图上的款号要一致<br>2. 要仔细分清楚样衣布料的纸板种类，准确无误<br>3. 排板图上的数量、配比应准确<br>4. 做好特殊面料排板处理,如格子布需对格,特别注意要求单向排板及整件毛向一致的排板<br>5. 排板、核对时一定要专心认真 |

## 二、根据订单和款式图、服装效果图或结构图来制板的流程

这种流程方式在制板时要求工作人员要有丰富的制板经验。要绘制出合格的纸样，制板师头脑中就需要积累大量服装款式和结构组成素材，以根据订单及款式图或效果图的要求灵活完成制板任务。另外，应加强与客户的沟通，达成共识，绝不可在有疑问的情况下匆忙投产。主要的流程见表1-2。

表1-2　根据订单和款式图、服装效果或结构图来制板的流程表

| 流程 | 内容 | 注意事项 |
|---|---|---|
| （一）分析订单、示意图 | 1. 分析工艺说明<br>2. 分析面辅料的使用及特性<br>3. 分析规格尺寸，如具体测量的部位和方法，小部件的尺寸确定等<br>4. 详细分析服装款式的结构<br>5. 了解包装、装箱方案 | 1. 工艺、面辅料分析应详细<br>2. 对款式特征要充分了解<br>3. 对订单明细不清楚的要及时反馈给经理或理单员 |
| （二）打样衣板 | 1. 确定中间标准规格、细部尺寸<br>2. 根据款式特点和订单要求，确定制板方案<br>3. 绘制中间规格样板（封样板）<br>4. 封样品裁剪、缝制、后整理<br>5. 封样品分析、会诊，修改封样板，并确定投产用中间标准号型纸样 | 1. 结构尺寸制定应合理<br>2. 板型应美观，不可缺板<br>3. 特别注意对格的特殊打板方法<br>4. 成品水洗需制定洗前尺寸表<br>5. 封样板修改应完全按照会诊结果进行 |

续表

| 流程 | 内容 | 注意事项 |
|---|---|---|
| （三）打生产板 | 1. 推板，根据规格尺寸表打出包括各个规格的系列化样板<br>2. 检查全套样板是否齐全，核对尺寸及样板片数，不可缺板，各类裁剪样板、工艺样板都要齐全<br>3. 核对服装板型，对于特殊面料要采取特殊方法<br>4. 缝制产前样，制定生产单、工艺说明书以及面、辅料生产计划单 | 1. 样板齐全，标注清晰明确，不可缺板<br>2. 注意板型<br>3. 拉链、捆条使用正确<br>4. 下单不明要反馈理单员<br>5. 有特殊工艺的，应注明，如棉服中绗棉线是否压过印绣花需在样板中注明 |
| （四）查板 | 1. 核对是否符合订单要求<br>2. 核对尺寸及样板数量<br>3. 拉链、捆条、胶条等有改动的，需用红笔画掉错误的数据，旁边写明正确尺寸并签名，填日期<br>4. 成品布料在整烫时会收缩的，打板员应在封样成品查板时（未整烫）量尺寸记录，再整烫、测量尺寸调整样板缩率<br>5. 各种工艺样板应注明上下左右，如有印绣花应核对印绣花实物与纸板大小是否相符 | 1. 不可缺板，各种裁剪样板、工艺样板应齐全<br>2. 应进行外观审美<br>3. 成品尺寸要符合尺寸表<br>4. 查板后评审单上注明更改的内容应签名，填日期<br>5. 理单及打板如有改动，改动完成后要签名，填日期 |
| （五）排料 | 1. 核对样衣，确认该款已查好板<br>2. 按照样衣不同部位的不同布料，分好纸板的布料种类及颜色<br>3. 根据生产单里各规格、各花色的数量，合理安排排板比例<br>4. 按分配设置好的纸板完成排板作业<br>5. 对排好的板面进行仔细核对，数量、颜色搭配、布料种类、纱向要正确，各细节不能出差错 | 1. 样衣与排板图上的款号要一致<br>2. 要仔细分清楚样衣布料的纸板种类，准确无误<br>3. 排板图上的数量、配比应准确<br>4. 做好特殊面料排板处理，如格子布需对格，特别注意要求单向排板及整件毛向一致的排板<br>5. 排板、核对时一定要专心认真 |

## 三、根据样品而无其他任何资料来制板的流程

这种方式多出现在内销的产品中，其服装市场的特点为：多品种、小批量、短周期、高风险，是少数小型服装企业经常采取的生产经营方式，就是通常所说的仿制，俗称"扒样"。对于比较宽松的服装，可以做到与样品一致；对于合体的服装，可以通过多次修改纸样，多次试制样衣，几次反复也能做到；而对于使用特殊的裁剪方法(如立体裁剪法)缝制的服装，要做到与样品形似神似，一般的裁剪方法就很难实现。其主要流程见表1-3。

表1-3 根据样品来制板的流程表

| 流程 | 内容 | 注意事项 |
|---|---|---|
| （一）分析样品 | 1. 分析分割线、零部件的组成和位置<br>2. 分析袖子、领子与前后片的配合<br>3. 分析各种里子和衬料的分布<br>4. 测量关键部位的尺寸，确定零部件的尺寸处理<br>5. 分析各部位工艺加工方法，锁眼及钉扣的位置，熨烫及包装的方法等<br>6. 最后，制定合理的订单 | 1. 对样品分析应全面、认真、仔细<br>2. 应认真分析样品的款式特点、结构组成、尺寸制定<br>3. 应熟悉样品的工艺加工方法 |

| 流程 | 内容 | 注意事项 |
|---|---|---|
| （二）分析面辅料 | 1. 分析面料的品种、花色，面料的物理性能、化学性能、组织结构、纤维成分，面料的加工性能、服用性能<br>2. 分析拉链、扣子、铆钉、吊牌等的使用，分析松紧带的弹性、宽窄、长短及使用的部位、缝纫线的规格等<br>3. 决定是否能买到同样的面辅料还是选择类似面辅料替代等 | 1. 面辅料分析要严格详尽<br>2. 要熟悉各种面辅料的特征及服用性能 |
| （三）打样衣板 | 1. 确定中间标准规格、细部尺寸<br>2. 根据样品特征，确定制板方案<br>3. 绘制中间规格样板<br>4. 样衣裁剪、缝制、后整理<br>5. 样衣分析、会诊、修改样板，并确定投产用中间标准号型纸样 | 1. 应有一定的打板经验和制板知识<br>2. 结构尺寸制定应合理<br>3. 板型应美观，符合样品要求，不可缺板<br>4. 成品需水洗的应制定洗前尺寸表 |
| （四）打生产板 | 1. 推板，根据规格尺寸表打出包括各个规格的系列化样板<br>2. 检查全套样板是否齐全，核对尺寸及样板片数，不可缺板，各类裁剪样板、工艺样板都要齐全<br>3. 核对服装板型，对于特殊面料要采取特殊方法<br>4. 缝制产前样，制定生产单、工艺说明书以及面、辅料生产计划单 | 1. 样板齐全，标注清晰明确，不可缺板<br>2. 注意板型<br>3. 各种辅料使用正确<br>4. 有特殊工艺的，应注明，如棉服中绗棉线是否压过印绣花需在样板中注明 |
| （五）查板 | 1. 核对尺寸及样板数量<br>2. 成品布料在整烫时会收缩，打板员应在封样成品查板时（未整烫）量尺寸记录，再整烫、测量尺寸调整样板缩率<br>3. 各种工艺样板应注明上下左右，如有印绣花应核对印绣花实物与纸板大小是否相符 | 1. 不可缺板，各种裁剪样板、工艺样板应齐全<br>2. 应进行外观审美<br>3. 成品尺寸要符合尺寸表<br>4. 查板后评审单上注明更改的内容应签名，填日期 |
| （六）排料 | 1. 核对样衣，确认该款已查好板<br>2. 按照样衣不同部位的不同布料分好纸板的布料种类及颜色<br>3. 根据各规格、各花色的数量，合理安排排板比例<br>4. 按分配设置好的纸板完成排板作业<br>5. 对排好的板面进行仔细核对，数量、颜色搭配、布料种类、纱向要正确，各细节不能出差错 | 1. 样衣与排板图上的款号要一致<br>2. 要仔细分清楚样衣布料的纸板种类，准确无误<br>3. 排板图上的数量、配比应准确<br>4. 做好特殊面料排板处理，如格子布需对格，特别注意要求单向排板及整件毛向一致的排板<br>5. 排板、核对时一定要专心认真 |

# 第三节　服装制板基础知识

## 一、服装结构制图方法

服装结构制图的方法主要有三种：一是平面裁剪，二是立体裁剪，三是计算机辅助裁剪。

### 1. 平面裁剪

平面裁剪是在桌面或台板上直接将整件服装的各个部件画在面料上，然后进行裁剪；或先在纸上打好样板，校对无误后，再将纸样放在面料上进行裁剪。平面裁剪的方法很多，主要有比例裁剪法、直接注寸法、原型裁剪法、基型裁剪法等。

（1）比例裁剪法：又称"胸度法"，是我国传统的服装制图裁剪方法之一。服装各部位的尺寸采用一定的比例再加减一个定数来计算。例如：前后衣片的胸围用 $\frac{B}{4}$ ±定数、$\frac{B}{3}$ ±定数；裤子的臀围用 $\frac{H}{4}$ ±定数来计算，等等。

比例裁剪法应用比较灵活，容易学会。目前服装行业样板的推档也主要使用比例公式来求得档差，但比例裁剪法的计算公式准确性较差，中号尺寸计算准确度还可以，过大或过小的规格尺寸按此法计算误差就较大，对某些组合部位要进行一些修正。

（2）原型裁剪法：按正常人的体型测量出各个部位的标准尺寸，用这个标准尺寸制出服装的基本形状，这种基本形状就叫服装的原型。服装的原型只是服装平面制图的基础，不是最终的服装裁剪图。

各个国家由于人体体型的不同，各有不同的原型。但原型的尺寸都是通过量体的方法获得的。服装的原型基本包括上衣的前后片、袖子和裙子的前后片。日本的文化式原型其主要优点是准确可靠，简便易学，可以长期使用。但原型是按正常标准人体绘制的，对于不同体型，必须对基本原型的某些部位作一些修正后，才能按修正过的原型进行制图裁剪。

我国人体体型与日本较接近，因此国内出版的服装书刊大多都受到日本原型裁剪法的影响。日本的原型裁剪主要有文化式、登丽美式等，日本文化式原型的裁剪，容易学习，传播最广，影响最大。近年来，我国服装行业的专家正在研究根据我国人体体型制定出中国的服装原型，这将会推动我国服装事业的发展。

（3）基型裁剪法：基型裁剪法是在借鉴原型法的基础上提炼而成。基型裁剪法是由服装成品胸围尺寸推算而得，各围度的放松量不必加入，只需根据款式造型要求制定即可（原型法是以在人体净胸围基础上加放松量为基数推算而得，服装成品围度的放松量待放，还要考虑放松量和款式的差异因素）。基型裁剪法在我国起步较晚，虽很多订单生产流程方式常采用之，但还没有形成一套完整的理论体系，有待于完善和提高。

**2. 立体裁剪**

立体裁剪是直接将衣料（或坯布）覆盖在人体模型或真人身上，直接进行服装立体造型设计的裁剪方法。这种裁剪方法是在人体或人体模型上直接获取造型，要求操作者有较高的审美能力，运用艺术的眼光，根据服装款式的需要，一边操作，一边修改，然后把认为理想的造型展开成衣片，拷贝到纸面上，经修改后，再依据这个纸样裁剪面料。有时也直接用面料在人体模型上造型，最后加工缝制。

立体裁剪没有什么计算公式，也不受任何数字的束缚，完全是凭直观的形象、艺术的感觉在人体上进行雕塑。立体裁剪不但适用于单件高档时装和礼服的制作，还应用于日常生活服装及成衣批量生产的裁剪，对于特殊体型的服装，可通过立体造型的手段，来弥补人体体型上的缺陷和不足。

在现代成衣生产中，常采用平面制图与立体裁剪相结合的方法来设计时装款式，但立体裁剪有一定的难度，要求裁剪人员具有较高的文化素质和艺术造诣。

### 3. 计算机辅助裁剪

随着计算机技术的飞速发展，服装CAD目前已广泛地应用于服装生产。用服装 CAD 系统辅助制图裁剪，无论是精确度和速度，都是手工制图裁剪所不可及的。计算机辅助制图裁剪大大地提高了服装成衣的生产效率，更能适应现代工业化生产的需要。

利用计算机辅助制图，需要对人体的基本尺寸、衣片的结构方式及制图要求等条件建立数学模型，也就是用数学关系式描述衣片结构中的直线与直线、直线与曲线、曲线与曲线的不同组合关系，这样就能用计算机语言编制程序，输入计算机。在与计算机相连的绘图机或裁剪机上，就可以绘制出服装的裁剪图或裁剪出衣片来。计算机还可以合理地、精密地进行排料。

## 二、服装结构制图原则

### 1. 先画面料图，后画辅料图

服装上所使用的辅料应与面料相配合，制图时，应先制好面料的结构图，然后再根据面料来配辅料。辅料包括里布、衬料、填絮料及其他花边、滚条等。

### 2. 先画主衣片，后画零部件

上装的主要衣片是指前后衣片、大小袖片，下装的主衣片是指前后裤片或前后裙片；上装的零部件有领子、挂面、口袋、袋袋、嵌条、袖克夫等，下装的零部件有腰头、门襟、里襟、垫袋等。主衣片的面积比较大，且对丝缕的要求比较高，先画主衣片有利于合理排料。

### 3. 先画长度线，再画宽度线，后画弧线

长度线如衣长线、腰节线、胸围线、袖长线、裤长线、横档线、臀围线、中裆线、裙长线等。宽度线如肩宽线、领宽线、胸完线、背宽线、侧缝线、前（后）档宽线、裤口宽线等。

制图时一定要做到长度与宽度的线条互相垂直，也就是面料的经向与纬向相互垂直。最后根据体型及款式的要求，将各部位用弧线连接画顺。

### 4. 先画外轮廓线，后画内部结构线

一件服装除外轮廓线外，衣片或裤片的内部还有口袋线、省道、褶裥、分割线、扣眼等。制图时应先完成外轮廓线，然后再画内部结构线。衣片的内部结构也要按一定顺序制图。例如男女西服、中山服前衣片内部结构制图时，一定要先定出扣眼位，再画胸袋、胸腰省，然后才能定出大袋位，最后画肋省。

我国传统的比例制图法步骤一般是先画前衣片，后画后衣片。国外制图方法台，如原型法，一般先画后衣片，再画前衣片。

## 三、服装制图工具

### 1. 尺

尺是服装制图的必备工具，它在绘制直线、斜线、弧线、角度、测量人体与服装、核

对制图规格等方面都要用到。

（1）直尺：直尺是服装制图的基本工具，其长度有20cm、50cm、100cm等，材质上有钢质、塑料、木质、竹、有机玻璃等。

（2）角尺（图1-10）：角尺也是服装制图的常用工具。包括三角板和直角尺，两边成90°或根据需要自定角度。

图1-10　角尺

（3）软尺：软尺一般为测体或量服装成品尺寸所用。

（4）比例尺（图1-11）：比例尺是用于按一定的比例作图的测量工具。尺形为三棱形，有三个尺面，六个尺边，即六个不同比例的刻度供选用。平时在笔记本上做笔记时一般为按一定比例缩小绘制结构图，比如1：5，工业裁剪用的结构比例则为1：1。

**2. 量角器**

量角器是用来测量角度的器具，通常使用半圆形量角器。

**3. 点线器**（图1-12）

通过推动点线器，轮齿可以在绘图纸上留下点状痕迹，做暂时性标记用。在绘制口袋、袋布、小袖等内部结构时，也可通过将整体结构图置于上面，下面再放置一张绘图纸，通过推动点线器，在上下两层绘图纸上留下相同的点状痕迹来绘制内部衣片结构。

图1-11　比例尺

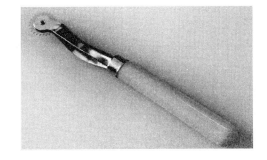

图1-12　点线器

**4. 绘图铅笔与橡皮**

绘图铅笔是直接用于绘制服装结构图的工具，绘图铅笔的笔芯有软硬之分，一般以标号HB为中性。B至6B逐渐变软，颜色越来越黑，也易污脏；H至6H逐渐变硬，颜色也越浅淡，但画线不易涂改。一般画基础线、辅助线等用硬笔，画轮廓线等用软笔。

橡皮与绘图铅笔相对应，也有软硬之分，常用的4B、6B橡皮较软，更容易将线条擦除。

**5. 绘图纸**

绘图纸宜选用质地坚实、纸面光洁、无折缝、橡皮擦拭时不易起毛、上墨不渗的纸张类型，如牛皮纸、白卡纸等。

**6. 曲线板**（图1–13）

主要用于服装制图中的弧线绘制。袖窿弧线、袖山弧线、裤裆弧线等部位曲率较大，选用的曲线板的边缘曲线的曲率也要大。如画袖子侧缝线、衣片侧缝线等相对弧度不是很大的线条也可选用两侧成弧线状的弯尺（图1–14）。

图1–13 曲线板

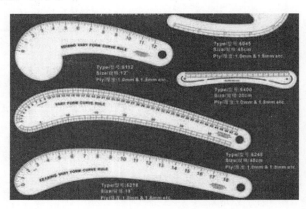

图1–14 弯尺

**7. 剪刀**

剪刀用于裁剪纸样及纸样边缘做记号等使用。一般有24 cm（9英寸）、28cm（11英寸）和30cm（12英寸）等几种规格。

## 四、服装制图常用部位代码（表1–4）

表1–4 服装制图常用部位代号

| 序号 | 中文 | 英文 | 代号 |
| --- | --- | --- | --- |
| 1 | 领围 | Neck Girth | N |
| 2 | 胸围 | Bust Girth | B |
| 3 | 腰围 | Waist Girth | W |
| 4 | 臀围 | Hip Girth | H |
| 5 | 领围线 | Neck Line | NL |
| 6 | 上胸围线 | Chest Line | CL |
| 7 | 胸围线 | Bust Line | BL |
| 8 | 下胸围线 | Under Burst Line | UBL |
| 9 | 腰围线 | Waist Line | WL |

续表

| 序号 | 中文 | 英文 | 代号 |
|---|---|---|---|
| 10 | 中臀围线 | Meddle Hip Line | MHL |
| 11 | 臀围线 | Hip Line | HL |
| 12 | 膝盖线 | Knee Line | KL |
| 13 | 胸点 | Bust Point | BP |
| 14 | 颈肩点 | Side Neck Point | SNP |
| 15 | 颈前点 | Front Neck Point | FNP |
| 16 | 颈后点(第七颈椎点) | Back Neck Point | BNP |
| 17 | 肩端点 | Shoulder Point | SP |
| 18 | 袖窿 | Arm Hole | AH |
| 19 | 袖窿深 | Arm Hole Line | AHL |
| 20 | 衣长 | Length | L |
| 21 | 前中线 | Front Center Line | FCL |
| 22 | 后中线 | Back Center Line | BCL |
| 23 | 前胸宽 | Front Bust Width | FBW |
| 24 | 后背宽 | Back Bust Width | BBW |
| 25 | 肩宽 | Shoulder Width | S |
| 26 | 袖长 | Sleeve Length | SL |
| 27 | 肘长 | Elbow Length | EL |
| 28 | 袖山 | Arm Top | AT |
| 29 | 袖肥 | Biceps Circumference | BC |
| 30 | 袖口 | Cuff Width | CW |
| 31 | 裤长 | Trousers Length | TL |
| 32 | 裤口 | Slacks Bottom | SB |

## 五、服装制图常用符号（表1-5、表1-6）

### 表1-5　图线画法及用途

| 名称 | 形式 | 宽度（mm） | 用途 |
|---|---|---|---|
| 粗实线 | ———— | 0.9 | 服装和零部件轮廓线，部位轮廓线 |
| 细实线 | ——— | 0.3 | 图样结构的基本线，尺寸线和尺寸界线，引出线等 |
| 粗虚线 | ━ ━ ━ ━ | 0.9 | 背面轮廓影示线 |
| 细虚线 | - - - - - | 0.3 | 缝纫明线 |
| 点划线 | —·—·—·— | 0.3 | 双折线 |
| 双点划线 | —··—··— | 0.3 | 折转线 |

表1-6 服装制图常用符号

| 名称 | 形式 | 用途 |
|---|---|---|
| 特殊放缝 | △ 2 | 与一般缝份不同的缝份量 |
| 拉链 | | 装拉链的部位 |
| 斜料 | | 用有箭头的直线表示布料的经纱方向 |
| 阴裥 | | 裥底在下的折裥 |
| 明裥 | | 裥底在上的折裥 |
| 等量号 | ○ △ □ | 两者相等量 |
| 等分线 | | 将线段等比例划分 |
| 直角 | | 两者成垂直状态 |
| 重叠 | | 两者相互重叠 |
| 经向 | ↓ ↑ | 用箭头直线表示布料的经纱方向 |
| 顺向 | → | 表示褶裥、省道、过肩等折倒方向（纱尾的布料在线头的布料之上） |
| 缩缝 | | 用于布料缝合时收缩 |
| 纽眼 | | 两短线间距离表示纽眼大小 |
| 钉扣 | ○ | 表示钉扣的位置 |
| 省道 | | 将某部位缝去 |
| 对位记号 | ⊢ ⊣ （前） （后） | 表示相关衣片两侧的对位 |
| 部件安装的部位 | 或 | 部件安装的所在位置 |

续表

| 名称 | 形式 | 用途 |
|---|---|---|
| 布环安装的部位 | | 装布环的位置 |
| 线襻安装位置 | | 表示线襻安装的位置及方向 |
| 钻眼位置 | | 表示裁剪时需钻眼的位置 |
| 单向折裥 | | 表示顺向折裥自高向低的折倒方向 |
| 对合折裥 | | 表示对合折裥自高向低的折倒方向 |
| 折裥的省道 | | 斜向表示省道的折倒方向 |
| 缉双止口 | | 表示布边缉缝双道止口线 |
| 归拢 | | 将某部位归拢变形 |
| 拔开 | | 将某部位拉展变形 |
| 按扣 | | 两者成凹凸状且用弹簧加以固定 |
| 钩扣 | | 两者成钩合固定 |
| 开省 | | 省道的部位需剪去 |
| 拼合 | | 表示相关布料拼合一致 |
| 衬布 | | 表示衬布 |
| 合位 | | 表示缝合时应对准的部位 |
| 拉链装止点 | | 拉链的止点部位 |
| 缝合止点 | | 除缝合止点外，还表示缝合开始的位置，附加物安装的位置 |

续表

| 名称 | 形式 | 用途 |
|------|------|------|
| 拉伸 | | 将某部位长度方向拉长 |
| 收缩 | | 将某部位长度缩短 |

## 六、服装制图尺码换算（表1–7、表1–8）

表1–7 公制、市制、英制的换算表

| 单位 | 换算公式 | 计量对照 |
|------|----------|----------|
| 公制 | 换市制：厘米÷3<br>换英制：厘米÷2.54 | 1米＝3尺≈39.37英寸<br>1分米＝3寸≈3.93英寸<br>1厘米＝3分≈0.39英寸 |
| 市制 | 换公制：寸÷3<br>换英制：寸÷0.762 | 1尺≈3.33分米≈13.12英寸<br>1寸≈3.33厘米≈1.31英寸<br>1分≈3.33毫米 |
| 英制 | 换公制：英寸×2.54<br>换市制：英寸×0.762 | 1码≈91.44厘米≈27.43寸<br>1英尺≈30.48厘米≈9.14寸<br>1英寸≈2.54厘米≈0.76寸 |

表1–8 服装尺码换算参照表

| 女 装（外衣、裙装、恤衫、上装、套装） | | | | |
|------|------|------|------|------|
| 标准 | 尺码明细 | | | |
| 中国（cm） | 160～165/<br>84～86 | 165～170/<br>88～90 | 167～172/<br>92～96 | 168～173/<br>98～102 | 170～176/<br>106～110 |
| 国际 | XS | S | M | L | XL |
| 美国 | 2 | 4～6 | 8～10 | 12～14 | 16～18 |
| 欧洲 | 34 | 34～36 | 38～40 | 42 | 44 |
| 男装（外衣、恤衫、套装） | | | | |
| 标准 | 尺码明细 | | | |
| 中国（cm） | 165/88～90 | 170/96～98 | 175/108～110 | 180/118～122 | 185/126～130 |
| 国际 | S | M | L | XL | XXL |

| 男装（衬衫） | | | | |
|---|---|---|---|---|
| 标准 | 尺码明细 | | | |
| 中国（cm） | 36～37 | 38～39 | 40～42 | 43～44 | 45～47 |
| 国际 | S | M | L | XL | XXL |

| 男装（衬衫） | | | | | |
|---|---|---|---|---|---|
| 标准 | 尺码明细 | | | | |
| 中国（cm） | 36～37 | 38～39 | 40～42 | 43～44 | 45～47 |
| 国际 | S | M | L | XL | XXL |

| 男装（裤装） | | | | | |
|---|---|---|---|---|---|
| 标准 | 尺码明细 | | | | |
| 尺码 | 42 | 44 | 46 | 48 | 50 |
| 腰围 | 68～72cm | 71～76cm | 75～80cm | 79～84cm | 83～88cm |
| 裤长 | 99cm | 101.5cm | 104cm | 106.5cm | 109cm |

| 牛仔裤 | | | | | |
|---|---|---|---|---|---|
| 标准 | 尺码明细 | | | | |
| 尺码 | 26 | 27 | 28 | 29 | 30 |
| 腰围 | 1尺9寸 | 2尺0寸 | 2尺1寸 | 2尺2寸 | 2尺3寸 |
| 臀围 | 2尺6寸 | 2尺7寸 | 2尺8寸 | 2尺9寸 | 3尺0寸 |
| 尺码 | 31 | 32 | 33 | 34 | 35 |
| 腰围 | 2尺4寸 | 2尺5寸 | 2尺6寸 | 2尺7寸 | 2尺8寸 |
| 臀围 | 3尺1寸 | 3尺2寸 | 3尺3寸 | 3尺4寸 | 3尺5寸 |

## 七、服装面料的缩率

服装面料在使用时通常涉及缩水率、烫缩率、缝缩率、砂洗缩率及自然缩率等问题。要解决这些缩率问题，一方面要采取面料预缩处理，另一方面对于预缩处理难解决的，则要通过面料试样测得相应的缩率，再由制板师加入一定的缩量，以解决成品尺寸稳定的问题。在进行预缩后，一般面料经向缩率为2%，纬向缩率为0.8%。对于具体的各项缩率问题，做如下解决：

（1）要解决缝缩问题，可在制板时，通过增加1.5%～2%的缝缩率来解决。设成品长度为$L$，缝缩率为$S\%$，则样板长度应为$L\times（1+S\%）$。

（2）要解决缩水问题，则要根据具体的面料缩水率来增加具体的尺寸。设成品长度为$L$，缩水率为$S\%$，则样板长度应为$L\times（1+S\%）$。各类常用的面料经向、纬向缩水率可参考表1–9。

表1-9　各类面料的缩水率参考表

| 面料名称 | | | 缩水率（%） | |
|---|---|---|---|---|
| | | | 经向 | 纬向 |
| 印染棉布 | 丝光布 | 平布、斜纹、哔叽、贡呢 | 3.5 ~ 4 | 3 ~ 3.5 |
| | | 府绸 | 4.5 | 2 |
| | | 纱（线）卡其、纱（线）华达呢 | 5 ~ 5.5 | 2 |
| | 本光布 | 平布、纱卡其、纱斜纹、纱华达呢 | 6 ~ 6.5 | 2 |
| | 防缩整理的各类印染布 | | 1 ~ 2 | 1 ~ 2 |
| 色织棉布 | 男女线呢 | | 8 | 8 |
| | 条格府绸 | | 5 | 2 |
| | 被单布 | | 9 | 5 |
| | 劳动布（预缩） | | 5 | 5 |
| 呢绒 | 精纺呢绒 | 纯毛或含毛量在70%以上 | 3.5 | 3 |
| | | 一般织品 | 4 | 3.5 |
| | 粗纺呢绒 | 呢面或紧密的露纹织物 | 3.5 ~ 4 | 3.5 ~ 4 |
| | | 绒面织物 | 4.5 ~ 5 | 4.5 ~ 5 |
| | 组织结构比较稀松的织物 | | 5以上 | 5以上 |
| 丝绸 | 桑蚕丝织物（真丝） | | 5 | 2 |
| | 桑蚕丝织物与其他纤维交织物 | | 5 | 3 |
| | 绉丝织品和绞纱织物 | | 10 | 8 |
| 化纤织品 | 黏胶纤维织物 | | 10 | 8 |
| | 涤棉混纺织品 | | 1 ~ 1.5 | 1 |
| | 精纺化纤织物 | | 2 ~ 4.5 | 1.5 ~ 4 |
| | 化纤仿丝绸织物 | | 2 ~ 8 | 2 ~ 3 |

（3）要解决烫缩问题，也要根据具体的面料烫缩率来增加具体的尺寸。如果粘衬，则应同时考虑衬布的烫缩率，一般取面布及衬布烫缩率的中间值为宜。设成品长度为$L$，烫缩率为$S\%$，则样板长度应为$L \times （1+S\%）$。各类面料的烫缩率可参考表1-10、表1-11。

表1-10　棉织物喷水熨烫收缩率

| 材料名称 | 烫缩率（%） | |
|---|---|---|
| | 经向 | 纬向 |
| 细布 | 1 ~ 1.5 | 1 ~ 1.5 |
| 斜纹布 | 2 ~ 3 | 1 ~ 2 |
| 纱卡 | 1 ~ 1.5 | 0.5 ~ 1 |
| 线卡 | 1 ~ 2 | 0.5 ~ 1 |

续表

| 材料名称 | 烫缩率（%） | |
| --- | --- | --- |
| | 经向 | 纬向 |
| 涤卡 | 0.3～0.5 | 0.2～0.4 |
| 劳动布 | 2～3 | 0.5～1 |
| 府绸 | 1～2 | 1～2 |
| 漂白布 | 1～2 | 1～2 |
| 印花布 | 1～2 | 1～2 |
| 树脂印花布 | 0.5～1 | 0.1～0.3 |
| 涤棉布 | 0.4～0.6 | 0.2～1.5 |
| 灯芯绒 | 0.6～1.2 | 0.2～0.7 |
| 防缩织物 | 0.5～0.7 | 0.5～0.7 |
| 粗布（水浸） | 3～4 | 2～3 |

表1-11  丝、化纤织物干烫收缩率

| 材料名称 | 烫缩率（%） | |
| --- | --- | --- |
| | 经向 | 纬向 |
| 金玉缎 | 0.5～1 | — |
| 九霞缎 | 0.5～1 | — |
| 留香绉 | 1～2 | — |
| 富春纺 | 1～1.5 | — |
| 涤新绫 | 0.5～1 | — |
| 华春纺 | 0.5～1 | 0.3～0.5 |
| 尼丝纺 | — | — |
| 针织涤纶呢 | 0.5～1.5 | 0.4～0.7 |
| 涤黏中长花呢 | 0.2～0.8 | 0.1～0.4 |
| 中长华达呢 | 0.5～1 | 0.2～0.5 |

## 八、服装样板的放缝

对于服装样板的缝份大小，首先要看是否有样衣，有样衣的则要参照样衣，另外，还要根据具体的缝型、面料特征、工艺要求等来加放。

1. 缝型

服装的成形主要是以缝合方式完成的，服装缝制时，以服装缝纫设备牵引缝线，将缝料串套连接而成。缝针穿刺缝料时，在缝料上穿成的针眼就是针迹；缝料上两个相邻针眼之间缝线串套的几何形态则称之为线迹，相互连接的线迹则构成缝迹；不同缝料与线迹的组合搭配形式即称之为缝型，见表1-12。

表1-12 常用缝型示意图

| 序号 | 缝型名称 | 图示 | 缝份量 | 序号 | 缝型名称 | 图示 | 缝份量 |
|---|---|---|---|---|---|---|---|
| 1 | 合缝 | | 1cm | 7 | 来去缝 | | 1~1.5cm |
| 2 | 滚边 | | 0.5~1cm 滚边宽2~4cm | 8 | 卷边 | | 2cm或依具体宽度要求 |
| 3 | 钉商标 | | 1cm | 9 | 缲边 | | 1.5cm |
| 4 | 双针扒条 | | 扒条约3cm或依具体宽度要求 | 10 | 坐倒缝 | | 1cm |
| 5 | 三线包缝 | | 0.3~0.8cm | 11 | 分缝 | | 1.5cm |
| 6 | 四线包缝 | | 0.3~1cm | 12 | 缝串带 | | 依具体宽度要求 |

2. **缝份、贴边形状**（图1-15、图1-16）

装里布时，相关缝份部位之间的缝份形状为90°或钝角；不装里布时，相关缝份部位之间的缝份形状为锐角。

3. **缝份的数值**

除了依据表1-12中所示，依据不同的缝型加相应的缝份量外，各衣片的缝份数值还遵循以下原则：

（1）面布：一般部位，1cm；弧线部位（袖窿弧线等），0.8cm；承力部位（背缝、裤后裆中线等），1.5cm；底边部位（衣下摆、裤口等），3~4.5cm。

（2）里布：水平方向，每个缝份量比面部缝份量多0.2cm；下摆部位，缝份量如图1-17所示；袖山部位，缝份量如图1-18所示。

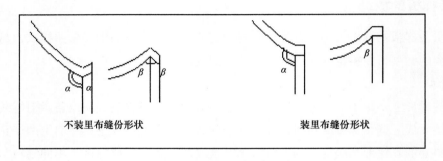

图1-15 缝份形状

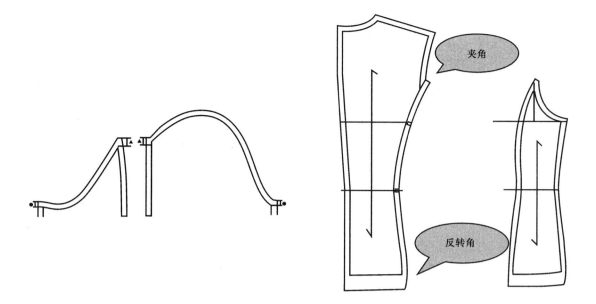

图1-16　夹角与反转角形状

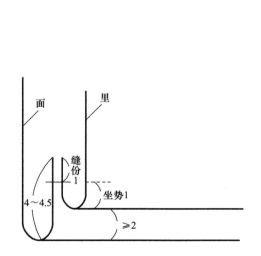

图1-17　衣下摆缝份量

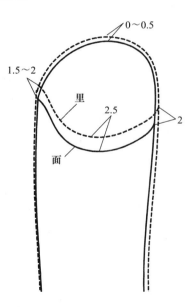

图1-18　袖山里布比面布多出的缝份量

## 九、样板的标记

### 1. 刀眼（图1-19）

打刀眼可以使用剪刀、刀眼钳等工具。刀眼方向要垂直于净缝线，深度一般为0.5cm左右。刀眼的作用有：

①确定缝份、折边的大小，特殊的缝份需要做刀眼，普通1cm的，不用打。

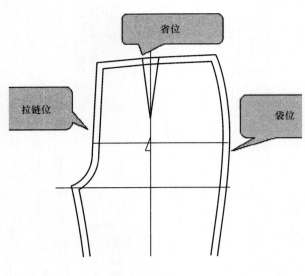

图1-19 刀眼标志

②定位，省位、褶位、袋位和拉链止口等。

③对位，其位置和数量是根据服装缝制工艺要求确定的，一般设置在相缝合的两个衣片的对位点，如绱袖对位点、绱领对位点、绱腰对位点等。对于一些较长的衣缝，也要分段设对位刀眼，避免在缝制中因拉伸而错位。另外，对有缝缩和归拔处理的缝份，要在缝缩的区间内根据缩量的大小分别在两个缝合边上打刀眼。

2. **钻眼**（图1-20）

钻眼用于衣片中央而无法用刀眼来标注的部位，如口袋位、省道位等。钻眼的具体位置有挖袋钻在嵌线的中央，两端推进0.5～1cm处；省道钻在省中线上，从省尖退进1～2cm处，等等。

同时，样板标记不同于裁片标记。样板是排料、划样及裁剪的依据，要求标记准确，刀眼、钻眼较大，利于划样。而裁片标记是缝制工艺的依据，刀眼深度应窄于缝份宽度，以免缝合后钻眼外露。

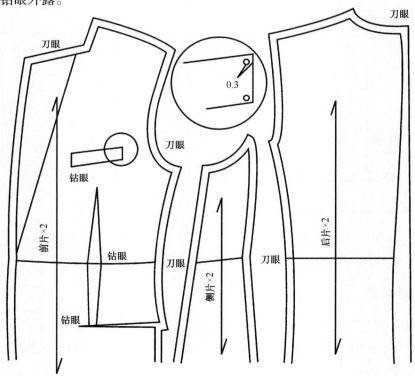

图1-20 钻眼及刀眼标志

## 十、样板的文字标注

### 1. 样板的文字标注内容

样板的纱向标记及面料的倒顺毛的顺向标记，款号或者是客户名称、代号等；样板的结构名称；标明样板属于面、里、衬、袋布及镶色配料等；标明样板属于前片、后片、袖片、左片、右片等；每块样板应标明裁剪的片数或排料的次数；样板规格，包括号型规格。

### 2. 文字标注的要求及样板整理

标注必须清晰、准确；样板制作完整，应按要求进行认真的自检与复核，如型与效果图或样衣是否一致、规格尺寸是否到位、缩率有无加放、样板的数量是否齐全、结构是否校对好（领下口线与领口线、袖山弧线与袖窿弧线等）、刀眼是否对齐等；每块样板应在其一端打直径为10～15mm的圆孔，便于穿孔吊挂；样板按不同型号区分开吊挂，区分好面、里、衬等，并各自集中串联在一起，便于管理。

## 本章小结

1. 服装工业样板的概念。

2. 服装工业样板的种类。

3. 服装工业制板的流程。

4. 服装工业制板的相关基础知识：制图方法、制图工具、制图符号、尺码换算、缝份加放、面料特征、样板标注等。

## 练习题

1. 简述服装工业样板的概念。

2. 简述服装工业样板的制板流程。

3. 面料的缝缩率、缩水率、烫缩率在制板中应作何处理？

4. 简述服装样板的缝型种类，样板的缝份如何设置？

5. 服装样板的标注有哪些？

**基础理论——**

## 人体测量及服装号型标准

**课题名称：** 人体测量及服装号型标准

**课题内容：** 1．人体测量知识

2．服装号型标准

**课题时间：** 4课时

**教学目的：** 1．了解人体的体型特征。

2．了解人体测量的方法与部位。

3．了解服装的部位名称。

4．了解服装号型的概念及号型应用。

5．熟悉服装号型系列的划分。

6．掌握服装号型系列控制部位及分档数值。

**教学重点：** 服装号型系列控制部位及分档数值。

**教学要求：** 1．让学生相互进行人体测量，获得各部位的相关体型数据。

2．以实物讲解服装各部位名称。

3．讲解国家最新发布的服装号型（男子、女子、儿童）标准。

# 第二章　人体测量及服装号型标准

## 第一节　人体测量知识

### 一、人体体型特征

服装以人为本，它的造型设计和结构设计必须满足人体的外形特征、运动机能以及穿着的舒适性。因此，人体是服装结构设计的基础。

#### 1. 人体的比例

人体各部位的比例关系是人体体型特征的重要内容。服装不仅要表现人体外形的平衡，同时还要对人体进行美化。如何进行美化，首先要掌握人体的平衡，把握人体各部位的尺寸，从而进一步确认整体的比例。人体各部位的比例，一般以头高为单位计算，但因性别、年龄、种族等的不同而有所差异。亚洲人身高平均是7.1个头高，为了方便制图，常取7个头高，如图2-1所示。

头身指数：从头顶到下巴正中的长度（垂直距离），称为"全头高"，将身高以全头高来分割的值为头身指数。

在7头高的人体中，一些部位与全头高的比例关系：全头高的2倍位置为胸高点，肩宽约为2倍头高，小臂长和脚长约为1倍头高，两臂水平伸展时左右指端间的长度近似身高，颈围的2倍与腰围近似相等，肘点与腰围线平齐，耻骨点约与臀围线平齐。如图2-2、图2-3所示。

#### 2. 男女体型差异

成年男性躯干部呈倒梯形，成年女性躯干部呈梯形，如图2-4所示。男性、女性、儿童的体型特征区别见表2-1。

### 二、人体测量的要求与注意事项

对于人体测量，如果每个人都用各自的计测方法随意测量，数据的可利用度会很低。因此，必须在解剖学、服装人体工学等内容的基础上，针对测量基准点、测量项目、测量器具的使用和测量手法等方面制定共通的标准。

#### 1. 测量时的姿势

人体的基本测量数据是以静立状态下的计测值为准，要求被测者：

（1）自然站立，脚后跟并拢。

（2）头部保持水平。

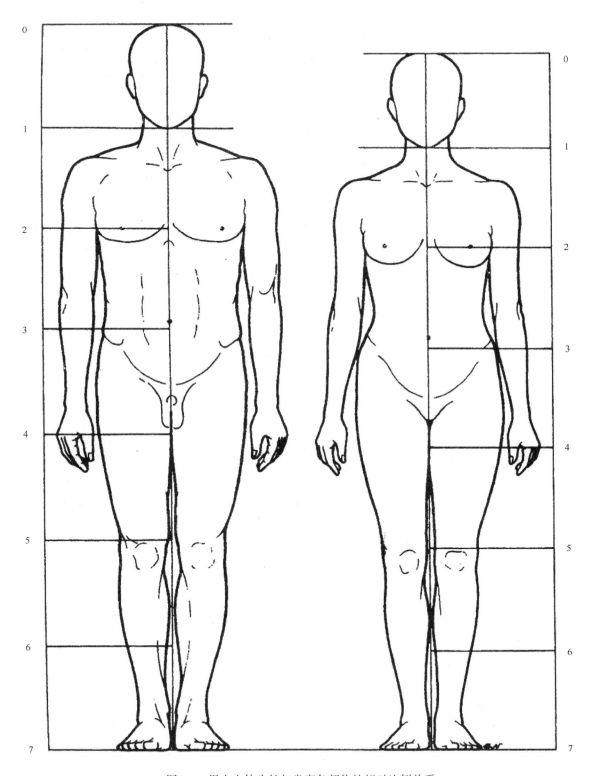

图2-1 男女人体头长与身高各部位的相对比例关系

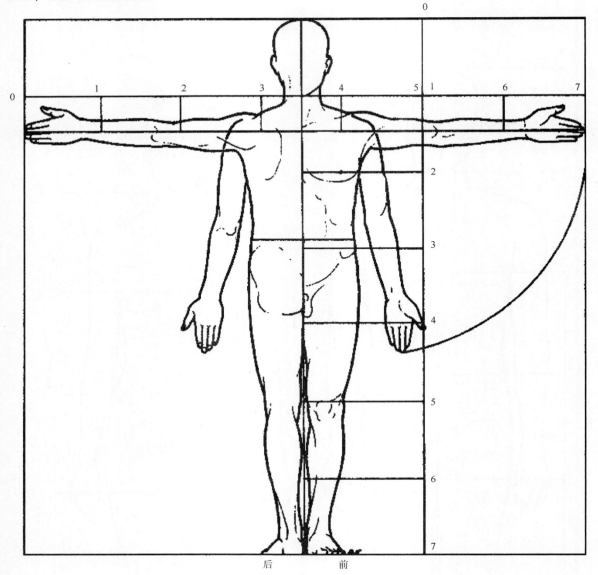

图2-2 部位与头高的关系

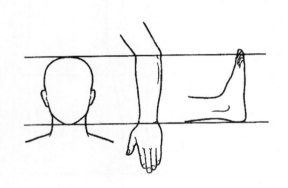

图2-3 小臂长、脚长约为1倍头高

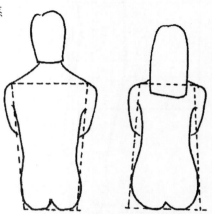

图2-4 男子体型与女子体型的比较

表2-1　男性、女性、儿童一般体型特征

| 部位 ＼ 类别 | 男性 | 女性 | 儿童 |
|---|---|---|---|
| 颈 部 | 较粗，喉结隆起 | 较细，喉结不明显 | 细而短，喉结不显现 |
| 肩 部 | 宽而平，锁骨显于外表 | 较狭，向下倾斜，锁骨不明显 | 窄而薄，锁骨不显现 |
| 胸 部 | 较宽阔，胸肌健壮 | 较窄小，乳房发达 | 胸围小于腹围 |
| 背 部 | 较宽阔，背肌丰厚 | 较窄，体表圆润 | 窄而平坦，肩胛骨露于外表 |
| 腹 部 | 较为扁平，侧腰宽直 | 较为圆润宽大，侧腰较狭窄 | 椭圆突出，侧腰缓直 |
| 腰 部 | 脊椎曲度较小，腰节较低，较平而宽 | 脊椎曲度较大，腰节较高，曲线明显 | 脊椎曲度更小，腰骨较直，腰节不明显 |
| 髋及臀 | 骨盆高而窄，脂肪较少，侧髋、后臀不丰满 | 骨盆低而宽，脂肪较多，臀部宽大丰满 | 骨盆发育不完全，腹部前凸，臀部扁平 |
| 上 肢 | 较长，上臂肌肉强健，肌界明显，肘部宽大，腕部较扁平，手较宽厚粗壮 | 稍短，臂肌分界不明显，肘部宽厚，腕部较为厚圆，手较窄小灵巧 | 较短，肌肉分界及关节骨相不显于体表 |
| 下 肢 | 略显长，腿肌强劲分界明显，膝、踝关节凹凸起伏明显 | 略短，腿肌圆润，分界不明显，膝、踝关节凹凸起伏不明显 | 较短，体表圆润，骨相不明显 |

（3）背自然伸展不抬肩。

（4）手臂自然下垂，手心向内。

**2．测量时的着装**

根据计测值的使用目的选择不同的着装状态。如果为了获得人体的基本数据，通常选择裸体测量；如果用于外衣类的计测，可以选择穿内衣（文胸、内裤或紧身衣）测量。

**3．测量注意事项**

（1）测量过程中应仔细观察被测者的体型，并做好记录。对于特殊体型，如挺胸、驼背、溜肩、凸腹等，应测量特殊部位，以便制图时做相应调整。

（2）在测量围度时，要找准外凸与凹陷的部位，围量一周，注意测量时软尺保持水平，一般以放入2根手指（颈围一根手指）为宜，不要将软尺围得过松或过紧。

（3）测体时一般从前到后，由左向右，自上而下按顺序、按部位依次进行，以免漏测或重复测量。

## 三、人体测量的部位与方法

由于人体体表是柔软的，同时又非静止不动，所以在测量过程中，要想完全排除误差十分困难。因此，为了获得准确的测量值，需要在人体体表标注计测基准点和计测基准线后，再进行测量。

1. 测量基准点

人体测量基准点如图2-5所示，对各基准点的定义见表2-2。

2. 人体测量基准线

人体测量基准线如图2-6所示，人体测量项目及测量方法见表2-3。

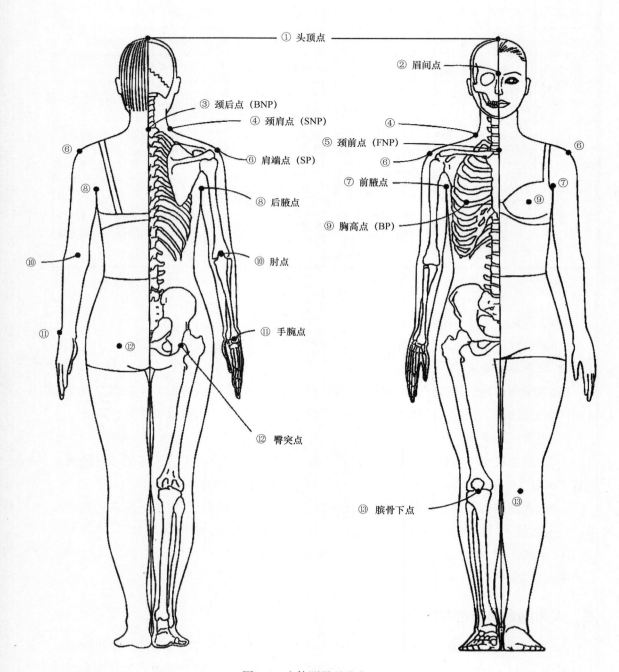

图2-5　人体测量基准点

表2-2 人体计测基准点定义

| 序号 | 计测基准点 | 定义 |
|---|---|---|
| ① | 头顶点 | 头部保持水平时头部中央最高点 |
| ② | 眉间点 | 两眉正中间隆起部且向前最突出的点 |
| ③ | 颈后点（BNP） | 第七颈椎的最突出处 |
| ④ | 颈肩点（SNP） | 颈侧面根部，斜方肌的前缘与肩的交点 |
| ⑤ | 颈前点（FNP） | 左右锁骨的上沿与前中心线的交点 |
| ⑥ | 肩端点（SP） | 手臂与肩的交点 |
| ⑦ | 腋前点 | 手臂与躯干在腋前交接产生的皱褶点 |
| ⑧ | 腋后点 | 手臂与躯干在腋后交接产生的皱褶点 |
| ⑨ | 胸高点（BP） | 乳房的最高点 |
| ⑩ | 肘点 | 上肢弯曲时肘关节向外最突出点 |
| ⑪ | 手腕点 | 手腕部后外侧最突出点 |
| ⑫ | 臀突点 | 臀部最突出点 |
| ⑬ | 髌骨下点 | 髌骨下端点 |

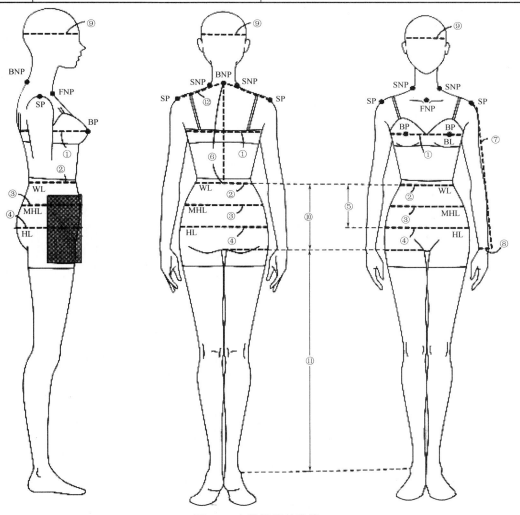

图2-6 人体测量基准线

表2-3　人体测量项目及测量方法

| 序号 | 测量项目 | 测量方法 |
|---|---|---|
| ① | 胸围 | 沿 BP 水平围量一周 |
| ② | 腰围 | 沿腰部最细处围量一周 |
| ③ | 中臀围 | 沿腰围与臀围的中间位置水平围量一周 |
| ④ | 臀围 | 沿臀部最丰满处水平围量一周 |
| ⑤ | 腰臀长 | 从腰围线至臀围线的长度 |
| ⑥ | 背长 | 从 BNP 量至腰围线的长度 |
| ⑦ | 臂长 | 从 SP 量至手腕点的长度 |
| ⑧ | 手腕围 | 沿手腕点围量一周 |
| ⑨ | 头围 | 沿眉间点通过后脑最突出处围量一周 |
| ⑩ | 上裆长 | 从腰围线量至大腿根部的长度 |
| ⑪ | 下裆长 | 从大腿根部量至地面的长度 |
| ⑫ | 肩宽 | 从左 SP 开始经过 BNP 量至右 SP 的长度 |

## 四、服装部位名称（图2-7～图2-9）

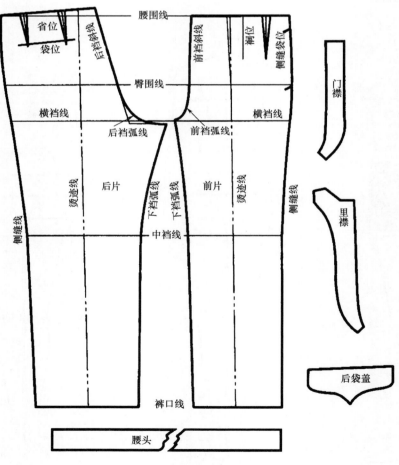

图2-7　裤装各部位名称

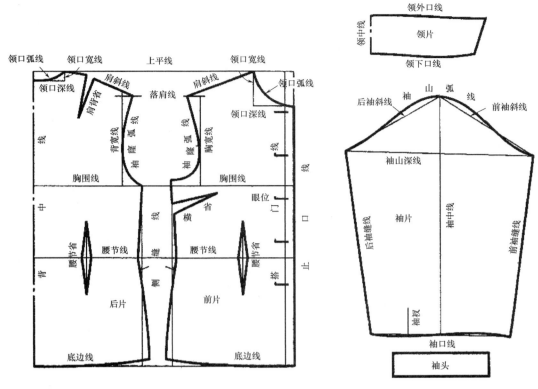

图2-8 女上装各部位名称

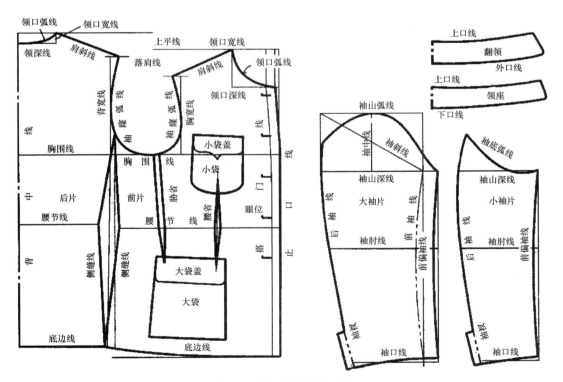

图2-9 男上装各部位名称

# 第二节　服装号型标准

## 一、服装号型的概念

### 1. 国家号型标准的制定

服装号型国家标准是服装工业重要的标准，根据我国服装工业生产的需要和人口体型状况的调查所建立，该人体尺寸系统是编制各类服装规格的依据。

我国第一部《服装号型》国家标准是由国家轻工业部于1974年开始着手制定，经过人体测量调查、数据统计分析、拟定标准、试行、修改完善等几个阶段，于1981年公布实施GB/T 1335—1981《服装号型》国家标准。

经过10年左右的应用、总结和修订，并参照国外的相关资料和数据，于1991年发布了第二部《服装号型》国家标准GB/T 1335—1991。第二部国家标准中，增加了人体体型分类，根据人体的胸腰差将人体分为四种体型，Y、A、B、C型。

其后，在第二部国标的基础上，对男子、女子标准部分的有关内容进行了调整和删减，取消了5·3系列和人体各部位的测量方法及测量示意图，增加了0~2岁婴儿的号型内容，1997年形成了第三部国家号型系列标准GB/T 1335—1997。

2009年，新的服装号型国家标准由国家质量监督检验检疫总局、国家标准化管理委员会批准发布。GB/T 1335.1—2008《服装号型 男子》和GB/T 1335.2—2008《服装号型 女子》于2009年8月1日起实施。GB/T 1335.3—2009《服装号型 儿童》于2010年1月1日起实施。

由于我国现有服装号型国家标准的人体数据是在1987年人体数据调查的基础上建立的，与现实具体情况有较大的出入。随着我国经济的快速发展，社会的不断进步，人民的生活水平有了很大的提高，我国人口的社会结构、年龄结构在不断变化，消费者的平均身高、体重、体态都与过去有了很大区别，人们的消费行为和穿着观念也在发生转变，原有的服装号型已不能完全满足服装工业生产和广大消费者对服装适体性的要求，必须加以改进和完善。此外，我国加入WTO后，服装市场竞争进一步加剧，欧美、日本等国家或地区纷纷利用技术壁垒，对我国的纺织服装出口设限，而我国在建立保护自己的贸易技术壁垒方面却显得束手无策，处于被动地位。修订服装号型国家标准并完善相关应用技术将对我国的服装贸易起到积极地推动和保护作用。

采集人体数据是一项较庞大的工程，我国人体数据采集和建立人体尺寸数据库的项目已于2003年在国家科技部立项。但由于国家目前只测量了儿童的人体数据，成人的人体数据还没有采集，因此，标准起草小组对服装号型国家标准主要进行了编辑性修改，对标准中的主要技术内容没有进行大的修改。

此次发布的GB/T 1335.3—2009《服装号型 儿童》标准与GB/T 1335.3—1997《服

装号型 儿童》的变化不太大，一是修改标准的英文名称为Standard Sizing Systems for Garments Children；二是修改了标准的规范性引用文件，技术指标和之前版本没有太大改变。

《服装号型 儿童》作为基础标准主要规范服装号型、人体测量方法等。近年来，童装行业的迅猛发展快速推进了我国童装标准体系的建设，目前已经完成了一批重要童装标准的制定工作。产品标准包括《儿童服装 学生服》、《婴幼儿服装》、《机织学生服》，基础标准包括《服装号型 儿童》，方法标准包括《婴幼儿服装用人体测量的部位与方法》等。目前，我国建成了以童装产品标准为核心、以童装基础标准和方法标准为实施手段的童装标准体系，为我国童装产业的顺利升级提供了技术支撑。

**2. 服装号型的定义与体型分类**

《服装号型》国家标准包括：GB/T 1335.1—1997男子标准、GB/T 1335.2—1997女子标准、GB/T 1335.3—1997儿童标准三部分。其中"GB"为"国标"二字的拼音首字母，"T"指"推荐使用"中"推"的拼音首字母。

国家标准根据胸腰差值，将男子、女子分为Y、A、B、C四种体型：Y为偏瘦型，胸围大、腰围小；A为正常型；B为微胖型，腰围较大；C为肥胖型，腰围很大。具体划分情况见表2-4。

表2-4 人体体型分类

单位：cm

| 体型分类代号 | Y | A | B | C |
|---|---|---|---|---|
| 男子（胸腰差） | 22～17 | 16～12 | 11～7 | 6～2 |
| 女子（胸腰差） | 24～19 | 18～14 | 13～9 | 8～4 |

号：指人体的身高，以厘米为单位，是设计和选购服装长短的依据。服装上标明的号的数值，表示该服装适用于身高与此号相近的人。例如女子160号，适用于身高158～162cm的人穿着。

型：指人体的净胸围或净腰围，以厘米为单位，是设计和选购服装肥瘦的依据。例如女子上装160/84A，其中84指净胸围84cm，适用于胸围82～85cm，胸腰差在18～14cm的人穿着。男子下装170/76A，适用于腰围75～77cm，胸腰差在16～12cm的人穿着。

号型系列：将人体的号与型进行有规则的分档排列与组合。成人的身高以5cm分档，胸围以4cm分档，腰围以2cm分档，分别组成上装的5·4系列和下装的5·2系列。

中间体：指人体测量总数中占有最大比例的体型。成人号型系列的设置，以中间体为中心，向两边依次递增或递减。男子与女子各体型的中间体见表2-5。

表2-5　男女各体型中间体设置　　　　　　　　　单位：cm

| 体型 | | Y | A | B | C |
|---|---|---|---|---|---|
| 男子 | 身高 | 170 | 170 | 170 | 170 |
| | 胸围 | 88 | 88 | 92 | 96 |
| | 腰围 | 70 | 74 | 84 | 92 |
| 女子 | 身高 | 160 | 160 | 160 | 160 |
| | 胸围 | 84 | 84 | 88 | 88 |
| | 腰围 | 64 | 68 | 78 | 82 |

## 二、服装号型的应用

### 1. 号型选用

普通着装者可根据自己的净胸围和净腰围等尺寸以及胸腰差的值确定自己属于哪一种体型，然后对号入座。但每个人的尺寸并不一定都与号型标准相吻合，因此可以选用相近法，向上或向下靠档。

对于服装生产企业来说，首先从国家号型标准中选用适合本地区穿着的号型系列，然后根据市场需求进行生产。

### 2. 号型配置

服装号型对应于人体尺寸，表明该服装适合某种尺寸的人体穿着；而服装规格则是指服装的成品尺寸，表明该服装成品的检验尺寸。服装企业选定号型系列后，要编制出系列的服装规格表，也就是将服装号型转换成具体的服装成品规格尺寸，起到指导生产、控制产品外观尺寸及质量等作用，同时，服装规格也是产品是否符合设计和工艺要求的重要指标之一。

## 三、服装号型系列控制部位及分档数值

在实际生产过程中，仅仅有身高、胸围或腰围的尺寸，是无法完成服装制作的，还需要一些主要部位的尺寸，这些部位就称为控制部位。上装的主要控制部位有衣长、袖长、肩宽、胸围、领围等；下装的主要控制部位有裤长、腰围、臀围、上裆等。

为了便于应用，服装号型标准除了"号型系列控制部位数值表"外，还列出了服装号型各系列中间体及服装分档数值，分档数值对于服装成品规格推档至关重要。它对于合理确立各种类别和各种款式服装成品的各档规格是一个不可缺少的参考资料。

服装号型系列分档数值见表2-6、表2-7，主要控制部位中间体数值见表2-8 ~ 表2-19。

表2-6 成人主要控制部位分档数值　　　　　　　　　单位：cm

| 主要控制部位 | | 体　型 | | | | | | | |
| --- | --- | --- | --- | --- | --- | --- | --- | --- | --- |
| | | Y | | A | | B | | C | |
| | | 男 | 女 | 男 | 女 | 男 | 女 | 男 | 女 |
| 当身高每增减5cm时 | 颈椎点高（±） | 4 | 4 | 4 | 4 | 4 | 4 | 4 | 4 |
| | 坐姿颈椎点高（±） | 2 | 2 | 2 | 2 | 2 | 2 | 2 | 2 |
| | 全臂长（±） | 1.5 | 1.5 | 1.5 | 1.5 | 1.5 | 1.5 | 1.5 | 1.5 |
| | 腰围高（±） | 3 | 3 | 3 | 3 | 3 | 3 | 3 | 3 |
| 当胸围每增减4cm时 | 净颈围（±） | 1 | 0.8 | 1 | 0.8 | 1 | 0.8 | 1 | 0.8 |
| | 总肩宽（±） | 1.2 | 1 | 1.2 | 1 | 1.2 | 1 | 1.2 | 1 |
| 当腰围每增减4cm时 | 净臀围（±） | 3.2 | 3.6 | 3.2 | 3.6 | 2.8 | 3.2 | 2.8 | 3.2 |
| 当腰围每增减2cm时 | 净臀围（±） | 1.6 | 1.8 | 1.6 | 1.8 | 1.4 | 1.6 | 1.4 | 1.6 |

注　主要控制部位分档数值数据是相对于中间体而言的。

表2-7 儿童主要控制部位分档数值　　　　　　　　　单位：cm

| 主要控制部位 | 身高80～130cm的儿童 | 身高135～160cm的男童 | 身高135～155cm的女童 |
| --- | --- | --- | --- |
| 身高分档数值（±） | 10 | 5 | 5 |
| 坐姿颈椎点高（±） | 4 | 2 | 2 |
| 全臂长（±） | 3 | 1.5 | 1.5 |
| 腰围高（±） | 7 | 3 | 3 |
| 胸围分档数值（±） | 4 | 4 | 4 |
| 净颈围（±） | 0.8 | 1 | 1 |
| 总肩宽（±） | 1.8 | 1.2 | 1.2 |
| 腰围分档数值（±） | 3 | 3 | 3 |
| 净臀围（±） | 5 | 4.5 | 4.5 |

注　1. 儿童号型无体型之分。
　　2. 主要控制部位分档数值数据均是相对于中间体而言。

表2-8 各类体型主要控制部位中间体数值　　　　　　　单位：cm

| 类型 | 成人 | | | | | | | | 儿童 | | |
| --- | --- | --- | --- | --- | --- | --- | --- | --- | --- | --- | --- |
| 体型 | Y | | A | | B | | C | | 身高80～130cm的儿童 | 身高135～160cm的男童 | 身高135～155cm的女童 |
| 主要控制部位 | 男 | 女 | 男 | 女 | 男 | 女 | 男 | 女 | | | |
| 身高 | 170 | 160 | 170 | 160 | 170 | 160 | 170 | 160 | 100 | 145 | 145 |

续表

| 类型 | 成人 | | | | | | | | 儿童 | | |
|---|---|---|---|---|---|---|---|---|---|---|---|
| 体型 | Y | | A | | B | | C | | 身高80~130cm的儿童 | 身高135~160cm的男童 | 身高135~155cm的女童 |
| 主要控制部位 | 男 | 女 | 男 | 女 | 男 | 女 | 男 | 女 | | | |
| 颈椎点高 | 145 | 136 | 145 | 136 | 145.5 | 136.5 | 146 | 136.5 | — | — | — |
| 坐姿颈椎点高 | 66.5 | 62.5 | 66.5 | 62.5 | 67 | 63 | 67.5 | 62.5 | 38 | 53 | 54 |
| 全臂长 | 55.5 | 50.5 | 55.5 | 50.5 | 55.5 | 50.5 | 55.5 | 50.5 | 31 | 47.5 | 46 |
| 腰围高 | 103 | 98 | 102.5 | 98 | 102 | 98 | 102 | 98 | 58 | 89 | 90 |
| 净胸围 | 88 | 84 | 88 | 84 | 92 | 88 | 96 | 88 | 56 | 68 | 68 |
| 净颈围 | 36.4 | 33.4 | 36.8 | 33.6 | 38.2 | 34.6 | 39.6 | 34.8 | 25.8 | 31.5 | 30 |
| 总肩宽 | 44 | 40 | 43.6 | 39.4 | 44.4 | 39.8 | 45.2 | 39.2 | 28 | 37 | 36.2 |
| 净腰围 | 70 | 64 | 74 | 68 | 84 | 78 | 92 | 82 | 53 | 60 | 58 |
| 净臀围 | 90 | 90 | 90 | 90 | 95 | 96 | 97 | 96 | 59 | 73 | 75 |

表2-9  $\frac{5\cdot4}{5\cdot2}$ Y号型系列控制部位数值（男子）　　　　单位：cm

| 部位 | Y | | | | | | | | | | | | | |
|---|---|---|---|---|---|---|---|---|---|---|---|---|---|---|
| | 数　值 | | | | | | | | | | | | | |
| 身高 | 155 | | 160 | | 165 | | 170 | | 175 | | 180 | | 185 | |
| 颈椎点高 | 133.0 | | 137.0 | | 141.0 | | 145.0 | | 149.0 | | 153.0 | | 157.0 | |
| 坐姿颈椎点高 | 60.5 | | 62.5 | | 64.5 | | 66.5 | | 68.5 | | 70.5 | | 72.5 | |
| 全臂长 | 51.0 | | 52.5 | | 54.0 | | 55.5 | | 57.0 | | 58.5 | | 60.0 | |
| 腰围高 | 94.0 | | 97.0 | | 100.0 | | 103.0 | | 106.0 | | 109.0 | | 112.0 | |
| 胸围 | 76 | | 80 | | 84 | | 88 | | 92 | | 96 | | 100 | |
| 颈围 | 33.4 | | 34.4 | | 35.4 | | 36.4 | | 37.4 | | 38.4 | | 39.4 | |
| 总肩宽 | 40.4 | | 41.6 | | 42.8 | | 44.0 | | 45.2 | | 46.4 | | 47.6 | |
| 腰围 | 56 | 58 | 60 | 62 | 64 | 66 | 68 | 70 | 72 | 74 | 76 | 78 | 80 | 82 |
| 臀围 | 78.8 | 80.4 | 82.0 | 83.6 | 85.2 | 86.8 | 88.4 | 90.0 | 91.6 | 93.2 | 94.8 | 96.4 | 98.0 | 99.6 |

单位：cm

表2-10　5·4　A号型系列控制部位数值（男子）
　　　　5·2

| 部位 | A 数值 | | | | | | | | | | | | | | | | |
|---|---|---|---|---|---|---|---|---|---|---|---|---|---|---|---|---|---|
| 身高 | 155 | | 160 | | 165 | | 170 | | 175 | | 180 | | 185 | | | | |
| 颈椎点高 | 133.0 | | 137.0 | | 141.0 | | 145.0 | | 149.0 | | 153.0 | | 157.0 | | | | |
| 坐姿颈椎点高 | 60.5 | | 62.5 | | 64.5 | | 66.5 | | 68.5 | | 70.5 | | 72.5 | | | | |
| 全臂长 | 51.0 | | 52.5 | | 54.0 | | 55.5 | | 57.0 | | 58.5 | | 60.0 | | | | |
| 腰围高 | 93.5 | | 96.5 | | 99.5 | | 102.5 | | 105.5 | | 108.5 | | 111.5 | | | | |
| 胸围 | 72 | | 76 | | 80 | | 84 | | 88 | | 92 | | 96 | | 100 | | |
| 颈围 | 32.8 | | 33.8 | | 34.8 | | 35.8 | | 36.8 | | 37.8 | | 38.8 | | 39.8 | | |
| 总肩宽 | 38.8 | | 40.0 | | 41.2 | | 42.4 | | 43.6 | | 44.8 | | 46.0 | | 47.2 | | |
| 腰围 | 56 | 58 | 60 | 62 | 64 | 66 | 68 | 70 | 72 | 74 | 76 | 78 | 80 | 82 | 84 | 86 | 88 |
| 臀围 | 75.6 | 77.2 | 78.8 | 80.4 | 82 | 83.6 | 85.2 | 86.8 | 88.4 | 90.0 | 91.6 | 93.2 | 94.8 | 96.4 | 98.0 | 99.6 | 101.2 |

表2-11　5:4  5:2 B号型系列控制部位数值（男子）

单位：cm

B

| 部位 | 数　值 | | | | | | |
|---|---|---|---|---|---|---|---|
| 身高 | 155 | 160 | 165 | 170 | 175 | 180 | 185 |
| 颈椎点高 | 133.5 | 137.5 | 141.5 | 145.5 | 149.5 | 153.5 | 157.5 |
| 坐姿颈椎点高 | 61.0 | 63.0 | 65.0 | 67.0 | 69.0 | 71.0 | 73.0 |
| 全臂长 | 51.0 | 52.5 | 54.0 | 55.5 | 57.0 | 58.5 | 60.0 |
| 腰围高 | 93.0 | 96.0 | 99.0 | 102.0 | 105.0 | 108.0 | 111.0 |

| 部位 | 数　值 | | | | | | | | | |
|---|---|---|---|---|---|---|---|---|---|---|
| 胸围 | 72 | 76 | 80 | 84 | 88 | 92 | 96 | 100 | 104 | 108 |
| 颈围 | 32.2 | 34.2 | 35.2 | 36.2 | 37.2 | 38.2 | 39.2 | 40.2 | 41.2 | 42.2 |
| 总肩宽 | 38.4 | 39.6 | 40.8 | 42.0 | 43.2 | 44.4 | 45.6 | 46.8 | 48.0 | 49.2 |

| 部位 | 数　值 | | | | | | | | | | | | | | | | | | | |
|---|---|---|---|---|---|---|---|---|---|---|---|---|---|---|---|---|---|---|---|---|
| 腰围 | 62 | 64 | 66 | 68 | 70 | 72 | 74 | 76 | 78 | 80 | 82 | 84 | 86 | 88 | 90 | 92 | 94 | 96 | 98 | 100 |
| 臀围 | 79.6 | 81.0 | 82.4 | 83.8 | 85.2 | 86.6 | 88.0 | 89.4 | 90.8 | 92.2 | 93.6 | 95.0 | 96.4 | 97.8 | 99.2 | 100.6 | 102.0 | 103.4 | 104.8 | 106.2 |

单位：cm

表2-12　5·4　C号型系列控制部位数值（男子）
　　　　5·2

| 部位 | 数　值 C | | | | | | | | | | | | | | | | | | |
|---|---|---|---|---|---|---|---|---|---|---|---|---|---|---|---|---|---|---|---|
| 身高 | 155 | | 160 | | 165 | | 170 | | 175 | | 180 | | 185 | |
| 颈椎点高 | 134.0 | | 138.0 | | 142.0 | | 146.0 | | 150.0 | | 154.0 | | 158.0 | |
| 坐姿颈椎点高 | 61.5 | | 63.5 | | 65.5 | | 67.5 | | 69.5 | | 71.5 | | 73.5 | |
| 全臂长 | 51.0 | | 52.5 | | 54.0 | | 55.5 | | 57.0 | | 58.5 | | 60.0 | |
| 腰围高 | 93.0 | | 96.0 | | 99.0 | | 102.0 | | 105.0 | | 108.0 | | 111.0 | |
| 胸围 | 76 | 80 | 84 | 88 | 92 | 96 | 100 | 104 | 108 | 112 |
| 颈围 | 34.6 | 35.6 | 36.6 | 37.6 | 38.6 | 39.6 | 40.6 | 41.6 | 42.6 | 43.6 |
| 总肩宽 | 39.2 | 40.4 | 41.6 | 42.8 | 44.0 | 45.2 | 46.4 | 47.6 | 48.8 | 50.0 |
| 腰围 | 70 | 72 | 74 | 76 | 78 | 80 | 82 | 84 | 86 | 88 | 90 | 92 | 94 | 96 | 98 | 100 | 102 | 104 | 106 | 108 |
| 臀围 | 81.6 | 82.0 | 84.4 | 85.0 | 87.2 | 88.6 | 90.0 | 91.4 | 92.8 | 94.2 | 95.6 | 97.0 | 98.4 | 99.8 | 101.2 | 102.6 | 104.0 | 105.4 | 106.8 | 108.2 |

表2-13　5·4　5·2　Y号型系列控制部位数值（女子）

单位：cm

| 部位 | 数　值（Y） | | | | | | |
|---|---|---|---|---|---|---|---|
| 身高 | 145 | 150 | 155 | 160 | 165 | 170 | 175 |
| 颈椎点高 | 124.0 | 128.0 | 132.0 | 136.0 | 140.0 | 144.0 | 148.0 |
| 坐姿颈椎点高 | 56.5 | 58.5 | 60.5 | 62.5 | 64.5 | 66.5 | 68.5 |
| 全臂长 | 46.0 | 47.5 | 49.0 | 50.5 | 52.0 | 53.5 | 55.0 |
| 腰围高 | 89.0 | 92.0 | 95.0 | 98.0 | 101.0 | 104.0 | 107.0 |
| 胸围 | 72 | 76 | 80 | 84 | 88 | 92 | 96 |
| 颈围 | 31.0 | 31.8 | 32.6 | 33.4 | 34.2 | 35.0 | 35.8 |
| 总肩宽 | 37.0 | 38.0 | 39.0 | 40.0 | 41.0 | 42.0 | 43.0 |

| 部位 | | | | | | | | | | | | | | |
|---|---|---|---|---|---|---|---|---|---|---|---|---|---|---|
| 腰围 | 50 | 52 | 54 | 56 | 58 | 60 | 62 | 64 | 66 | 68 | 70 | 72 | 74 | 76 |
| 臀围 | 77.4 | 79.2 | 81.0 | 82.8 | 84.6 | 86.4 | 88.2 | 90.0 | 91.8 | 93.6 | 95.4 | 97.2 | 99.0 | 100.8 |

表2-14 5·4 5·2 A号型系列控制部位数值（女子）

单位：cm

| 部位 | A 数 值 | | | | | | | | | | | | | | | | | | | | |
|---|---|---|---|---|---|---|---|---|---|---|---|---|---|---|---|---|---|---|---|---|---|
| 身高 | 145 | | | 150 | | | 155 | | | 160 | | | 165 | | | 170 | | | 175 | | |
| 颈椎点高 | 124.0 | | | 128.0 | | | 132.0 | | | 136.0 | | | 140.0 | | | 144.0 | | | 148.0 | | |
| 坐姿颈椎点高 | 56.5 | | | 58.5 | | | 60.5 | | | 62.5 | | | 64.5 | | | 66.5 | | | 68.5 | | |
| 全臂长 | 46.0 | | | 47.5 | | | 49.0 | | | 50.5 | | | 52.0 | | | 53.5 | | | 55.0 | | |
| 腰围高 | 89.0 | | | 92.0 | | | 95.0 | | | 98.0 | | | 101.0 | | | 104.0 | | | 107.0 | | |
| 胸围 | 72 | | | 76 | | | 80 | | | 84 | | | 88 | | | 92 | | | 96 | | |
| 颈围 | 31.0 | | | 31.8 | | | 32.6 | | | 33.4 | | | 34.2 | | | 35.0 | | | 35.8 | | |
| 总肩宽 | 36.4 | | | 37.4 | | | 38.4 | | | 39.4 | | | 40.4 | | | 41.4 | | | 42.4 | | |
| 腰围 | 54 | 56 | 58 | 58 | 60 | 62 | 62 | 64 | 66 | 66 | 68 | 70 | 70 | 72 | 74 | 74 | 76 | 78 | 78 | 80 | 82 |
| 臀围 | 77.4 | 79.2 | 81.0 | 81.0 | 82.8 | 84.6 | 84.6 | 86.4 | 88.2 | 88.2 | 90.0 | 91.8 | 91.8 | 93.6 | 95.4 | 95.4 | 97.2 | 99.0 | 99.0 | 100.8 | 102.6 |

表2-15 5·4 5·2 B号型系列控制部位数值（女子）

单位：cm

| 部位 | 数值 B | | | | | | |
|---|---|---|---|---|---|---|---|
| 身高 | 145 | 150 | 155 | 160 | 165 | 170 | 175 |
| 颈椎点高 | 124.5 | 128.5 | 132.5 | 136.5 | 140.5 | 144.5 | 148.5 |
| 坐姿颈椎点高 | 57.0 | 59.0 | 61.0 | 63.0 | 65.0 | 67.0 | 69.0 |
| 全臂长 | 46.0 | 47.5 | 49.0 | 50.5 | 52.0 | 53.5 | 55.0 |
| 腰围高 | 89.0 | 92.0 | 95.0 | 98.0 | 101.0 | 104.0 | 107.0 |

| 部位 | | | | | | | | | | |
|---|---|---|---|---|---|---|---|---|---|---|
| 胸围 | 68 | 72 | 76 | 80 | 84 | 88 | 92 | 96 | 100 | 104 |
| 颈围 | 30.6 | 31.4 | 32.2 | 33.0 | 33.8 | 34.6 | 35.4 | 36.2 | 37.0 | 37.8 |
| 总肩宽 | 34.8 | 35.8 | 36.8 | 37.8 | 38.8 | 39.8 | 40.8 | 41.8 | 42.8 | 43.8 |

| 部位 | | | | | | | | | | | | | | | | | | | | |
|---|---|---|---|---|---|---|---|---|---|---|---|---|---|---|---|---|---|---|---|---|
| 腰围 | 56 | 58 | 60 | 62 | 64 | 66 | 68 | 70 | 72 | 74 | 76 | 78 | 80 | 82 | 84 | 86 | 88 | 90 | 92 | 94 |
| 臀围 | 78.4 | 80.0 | 81.6 | 83.2 | 84.8 | 86.4 | 88.0 | 89.6 | 91.2 | 92.8 | 94.4 | 96.0 | 97.6 | 99.2 | 100.8 | 102.4 | 104.0 | 105.6 | 107.2 | 108.8 |

表2-16 5·4 5·2 C号型系列控制部位数值（女子）

单位：cm

| 部位 | 数 值 | | | | | | |
|---|---|---|---|---|---|---|---|
| 身高 | 145 | 150 | 155 | 160 | 165 | 170 | 175 |
| 颈椎点高 | 124.5 | 128.5 | 132.5 | 136.5 | 140.5 | 144.5 | 148.5 |
| 坐姿颈椎点高 | 56.5 | 58.5 | 60.5 | 62.5 | 64.5 | 66.5 | 68.5 |
| 全臂长 | 46.0 | 47.5 | 49.0 | 50.5 | 52.0 | 53.5 | 55.0 |
| 腰围高 | 89.0 | 92.0 | 95.0 | 98.0 | 101.0 | 104.0 | 107.0 |

| 部位 | 数 值 | | | | | | | | | | |
|---|---|---|---|---|---|---|---|---|---|---|---|
| 胸围 | 68 | 72 | 76 | 80 | 84 | 88 | 92 | 96 | 100 | 104 | 108 |
| 颈围 | 30.8 | 31.6 | 32.4 | 33.2 | 34.0 | 34.8 | 35.6 | 36.4 | 37.2 | 38.0 | 38.8 |
| 总肩宽 | 34.2 | 35.2 | 36.2 | 37.2 | 38.2 | 39.2 | 40.2 | 41.2 | 42.2 | 43.2 | 44.2 |

| 部位 | 数 值 | | | | | | | | | | | | | | | | | | | | | |
|---|---|---|---|---|---|---|---|---|---|---|---|---|---|---|---|---|---|---|---|---|---|---|
| 腰围 | 60 | 62 | 64 | 66 | 68 | 70 | 72 | 74 | 76 | 78 | 80 | 82 | 84 | 86 | 88 | 90 | 92 | 94 | 96 | 98 | 100 | 102 |
| 臀围 | 78.4 | 80.0 | 81.6 | 83.2 | 84.8 | 86.4 | 88.0 | 89.6 | 91.2 | 92.8 | 94.4 | 96.0 | 97.6 | 99.2 | 100.8 | 102.4 | 104.0 | 105.6 | 107.2 | 108.8 | 110.4 | 112.0 |

表2-17　身高80～130cm儿童控制部位数值　　　　　　　　　单位：cm

| 部位 | 数　值 | | | | | |
|---|---|---|---|---|---|---|
| 长度 | 身高 | 80 | 90 | 100 | 110 | 120 | 130 |
| | 坐姿颈椎点高 | 30 | 34 | 38 | 42 | 46 | 50 |
| | 全臂长 | 25 | 28 | 31 | 34 | 37 | 40 |
| | 腰围高 | 44 | 51 | 58 | 65 | 72 | 79 |
| 围度 | 胸围 | 48 | | 52 | | 56 | | 60 | | 64 |
| | 颈围 | 24.20 | | 25 | | 25.8 | | 26.60 | | 27.40 |
| | 总肩宽 | 24.40 | | 26.20 | | 28 | | 29.80 | | 31.60 |
| | 腰围 | 47 | | 50 | | 53 | | 56 | | 59 |
| | 臀围 | 49 | | 54 | | 59 | | 64 | | 69 |

表2-18　身高135～160cm男童控制部位数值　　　　　　　　　单位：cm

| 部位 | 数　值 | | | | | |
|---|---|---|---|---|---|---|
| 长度 | 身高 | 135 | 140 | 145 | 150 | 155 | 160 |
| | 坐姿颈椎点高 | 49 | 51 | 53 | 55 | 57 | 59 |
| | 全臂长 | 44.50 | 46 | 47.50 | 49 | 50.50 | 52 |
| | 腰围高 | 83 | 86 | 89 | 92 | 95 | 98 |
| 围度 | 胸围 | 60 | 64 | 68 | 72 | 76 | 80 |
| | 颈围 | 29.50 | 30.50 | 31.50 | 32.50 | 33.50 | 34.50 |
| | 总肩宽 | 34.60 | 35.80 | 37 | 38.20 | 39.40 | 40.60 |
| | 腰围 | 54 | 57 | 60 | 63 | 66 | 69 |
| | 臀围 | 64 | 68.50 | 73 | 77.50 | 82 | 86.50 |

表2-19　身高135～155cm女童控制部位数值　　　　　　　　　单位：cm

| 部位 | 数　值 | | | | |
|---|---|---|---|---|---|
| 长度 | 身高 | 135 | 140 | 145 | 150 | 155 |
| | 坐姿颈椎点高 | 50 | 52 | 54 | 56 | 58 |
| | 全臂长 | 43 | 44.50 | 46 | 47.50 | 49 |
| | 腰围高 | 84 | 87 | 90 | 93 | 96 |
| 围度 | 胸围 | 60 | 64 | 68 | 72 | 76 |
| | 颈围 | 28 | 29 | 30 | 31 | 32 |
| | 总肩宽 | 33.80 | 35 | 36.20 | 37.40 | 38.60 |
| | 腰围 | 52 | 55 | 58 | 61 | 64 |
| | 臀围 | 66 | 70.50 | 75 | 79.50 | 84 |

**本章小结**

1. 人体的体型特征。

2. 人体测量方法与部位。

3. 服装的部位名称。

4. 服装号型的概念及应用。

5. 服装号型系列控制部位及分档数值。

**练习题**

1. 简述人体的体型特征。

2. 简述人体测量应注意的事项。

3. 人体测量部位有哪些?

4. 服装各部位如何命名?

5. 简述服装号型的发展。

6. 服装号型系列如何划分?

7. 服装号型系列控制部位及分档数值如何确定?

**基础理论——**

## 服装样板缩放原理及技术

**课题名称：** 服装样板缩放原理及技术

**课题内容：** 1．服装样板缩放原理

　　　　　　 2．服装样板推档方法

**课题时间：** 4课时

**教学目的：** 1．了解样板缩放的原理。

　　　　　　 2．了解服装样板推档的方法。

　　　　　　 3．掌握常用的推板方式。

**教学重点：** 服装样板的推档。

**教学要求：** 1．用生活中常见的问题作比喻来讲解样板的缩放原理。

　　　　　　 2．详细介绍推板的不同方法与特点。

　　　　　　 3．以具体样板为例讲解推板方法。

# 第三章　服装样板缩放原理及技术

## 第一节　服装样板缩放原理

### 一、服装样板缩放概念

**1. 服装样板推档**

服装样板推档就是以某一规格的样板为基础，对同一款式的服装，按国家技术标准规定的号型系列档差数值或一定的比例有规律地进行扩大或缩小成若干相似的服装样板，从而打制出包含了各个号型规格的全套样板，这一过程称为样板推档，也称服装放码或纸样放缩。

**2. 服装整体推板与服装局部推板**

服装整体推板又称规则放码，是指将服装结构内容全部进行缩放，也就是样板的每个部位都要随着号型的变化而变化。例如一件衬衫的所有长度方向（衣长、袖长、腰节长、口袋长等）、围度方向（领围、胸围、腰围、肩宽等）尺寸都要进行有规律的缩放。

服装局部推板也称不规则放码，是指在推板时只推某个或几个部位，有些部位不进行缩放。例如一条裤子的腰围、臀围、裤口围的尺寸都进行了缩放，而裤长尺寸不变。这种情况往往是针对特定消费者或细分消费市场时采取的灵活方式。

**3. 推板涉及的术语**

（1）档差：相邻两号型之间的规格差，是服装推板过程中计算相邻两档之间缩放值的依据。例如号型为170/88A的男上装，下一号型为175/92A，则两个号型男上装的胸围档差为4cm。

（2）坐标：服装推板是在一个平面面积（衣片）内进行的放大或缩小，需在二维坐标中完成，坐标横轴指向服装的长度（宽度）方向，坐标纵轴指向服装的宽度（长度）方向，坐标原点在推档过程中固定不变。

（3）控制点：在绘制服装结构时，各部位的位置点都在结构线中体现，如肩斜线与袖窿弧线的交点构成衣片的肩端点，袖中线与袖山弧线的交点构成袖顶点。在推板中，我们把这些位置点称为控制点或放缩点、放码点。控制点同时也分为主要控制点和辅助控制点。主要控制点是指决定服装总体规格变化的点，在推板中，能用服装号型标准的控制部位分档数值直接确定或用计算公式直接计算出放缩量的点，如肩端点、胸围大点、颈肩点等；辅助控制点是决定局部结构变化的点，一般根据其部位的比例来计算放缩量，如前后袖窿切点、分割线控制点、部件控制点等。

（4）单向放码点：指位于坐标系的一条轴线上的控制点，或此控制点距坐标轴非常近，样板放缩时，移动量可以不计，单向放码点在推板过程中只向一个方向移动。

（5）双向放码点：对应于单向放码点，双向放码点不在坐标轴上，在推板过程中需朝两个方向移动的控制点。

## 二、服装样板缩放原理及坐标选定

### 1. 样板缩放原理

服装样板的缩放原理遵循的是数学平面几何图形中相似形的变化原理，即几个大小不同的平面图形中，只是在量的取值上有所不同，但其形状是一样的，也就是要做到"量的变化，型的统一"。图3-1是以正方形的变化进行推板原理的讲解。由边长5cm的正方形推出边长为6cm的正方形，两者之间的档差为1cm。通过几种不同的坐标选定可以形成不同的推板方式，但其最终结果都是相同的，都推出得到了边长为6cm的正方形。

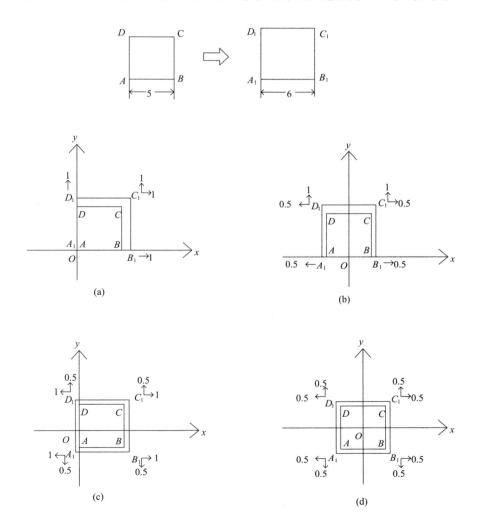

图3-1 正方形的相似变化

## 2. 坐标选定

坐标线也称基准线，推板不光是一条线的增长或缩短，而是一个平面面积的增减，需在一定的二维坐标中进行，因此确定坐标线是推档的前提条件。一般坐标位置的选定要遵循以下原则：

（1）选择有代表性的结构线，并且有利于保持服装造型、结构不变的结构线，如胸围线、臀围线、前中心线等。

（2）必须是直线或曲率较小的弧线。

（3）便于计算各控制点的档差数值。

（4）尽量选择在衣片中间。

（5）便于样板放缩和保持结构线的清晰。

基于以上原则，各衣片的坐标线一般做如下选择，见表3-1。

表3-1 坐标线选定

| 服装名称 | 部位 | | 坐标线 |
|---|---|---|---|
| 上装 | 衣身 | 横轴 | 前（后）中线、胸宽线 |
| | | 纵轴 | 上平线、胸围线、腰围线 |
| | 袖子 | 横轴 | 袖中线、袖侧缝线 |
| | | 纵轴 | 袖肥线 |
| | 领子 | 横轴 | 领中线 |
| | | 纵轴 | 领宽线 |
| 下装 | 裤片 | 横轴 | 前（后）裤中线（烫迹线） |
| | | 纵轴 | 横裆线、上平线 |
| | 裙片 | 横轴 | 前（后）中心线 |
| | | 纵轴 | 臀围线、上平线 |

表中横轴、纵轴根据推档图的页面放置情况来定，横轴取横向线条，纵轴取竖向线条。坐标线选定后，两坐标线的相交处为坐标原点。在本文的服装推档图中，坐标原点处统一用"◺"表示，两直角边靠近的线条即为坐标轴。

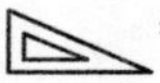

## 三、服装样板缩放档差的计算方法

### 1. 规格档差

规格档差在制定规格表时就应体现，规格档差根据国家《服装号型》标准中制定的主要控制部位分档数值表中的数据来制定，见表3-2。

表3-2　某男衬衫规格表

单位：cm

| 部位 | S | M | L | XL | 档差 |
|---|---|---|---|---|---|
| 衣　长 | 70 | 72 | 74 | 76 | 2 |
| 胸　围 | 106 | 110 | 114 | 118 | 4 |
| 领　围 | 39 | 40 | 41 | 42 | 1 |
| 肩　宽 | 44.8 | 46 | 47.2 | 48.4 | 1.2 |
| 袖　长 | 56.5 | 58 | 59.5 | 61 | 1.5 |
| 袖口围 | 23 | 24 | 25 | 26 | 1 |

当采用的是服装局部推板（不规则推板）时，可采取有些部位相邻几个档差不变或同一部位档差不固定的规格设置方式，见表3-3、表3-4中的规格制定及档差设置。

表3-3　某女式牛仔裤规格表

单位：cm

| 部位 | M | L | XL | 档差 |
|---|---|---|---|---|
| 裤　长 | 102 | 102 | 102 | 0 |
| 腰　围 | 72 | 74 | 76 | 2 |
| 臀　围 | 92 | 95 | 98 | 3 |
| 裤口围 | 46 | 47 | 48 | 1 |

表3-4　某女式西裤规格表

单位：cm

| 部位 | S | M | L | XL | XXL | 档差 |
|---|---|---|---|---|---|---|
| 裤　长 | 98 | 101 | 101 | 104 | 104 | 0（或3） |
| 腰　围 | 68 | 70 | 72 | 74 | 77 | 2（或3） |
| 臀　围 | 96 | 98 | 100 | 102 | 105 | 2（或3） |
| 裤口围 | 41 | 42 | 43 | 44 | 45 | 1 |

**2. 部位档差**

部位档差主要体现在具体推板时各控制点的缩放数值设定，一般主要控制点的档差采取比例法制图公式计算获得，次要的控制点也可通过比例取合理的档差数值。以女衬衫前片制板为例，如图3-2、图3-3所示。

以前中线作为横向坐标轴，以胸围线作为纵向坐标轴。在图3-2中，肩端点的横向制图公式（即袖窿深公式）为：$\dfrac{胸围}{6}$+调节值，纵向制图公式为：$\dfrac{肩宽}{2}$。在国家《服装号型》标准规格档差中，胸围档差为4cm，肩宽档差为1cm。那么，在图3-3的控制点档差设置中，肩端点的横向档差（即袖窿深档差）计算为$\dfrac{4}{6}$cm，即0.667cm，保留一位小数为

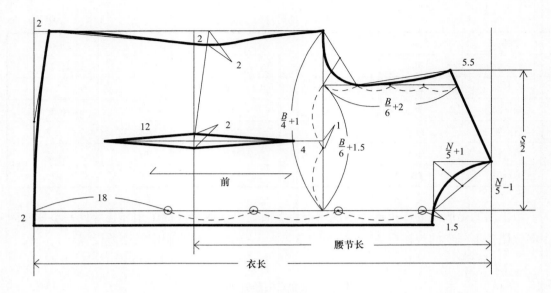

图3-2 女衬衫前衣片结构制图

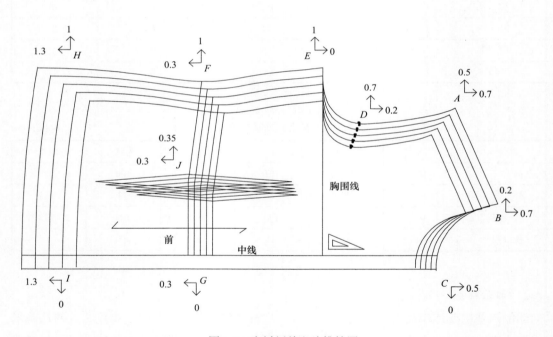

图3-3 女衬衫前衣片推档图

0.7cm；肩端点的纵向档差计算为$\frac{1}{2}$cm，即为0.5cm。

前袖窿切点$D$点的横向取值为袖窿深的$\frac{1}{4}$，那么横向档差为$\frac{0.7}{4}$cm，约为0.2cm；纵向制图公式（即前胸宽公式）为：$\frac{胸围}{6}$+调节值，那么纵向档差为0.7cm。

3. **一般档差不变的部位**

省道量不变；搭门量不变；领角角度、领缺口角度、口袋圆角角度保持不变；领子宽度、口袋宽度、省道长度等可变化，也可保持不变，制图者灵活掌控，只要保持服装造型不受影响，结构合理即可。

## 四、服装样板缩放要求

（1）服装推档缩放时，规格档差主要依据国家《服装号型》标准中的控制部位分档数值表中的采用数来制定，部位档差主要根据该部位的制图公式或该部位位置占整体的比例计算出缩放数值，同时也可以根据不同情况进行调节，使推档后的系列样板与基础样板的造型、款式相一致。

（2）各控制点在推档缩放时，只能在垂直与水平方向上移动找到新的控制点。

（3）如果服装款式内部有分割线，则这几个分割点的档差之和应等于该部位的档差总和。

（4）某些辅助线或辅助点，如中档线、前袖窿切点等可以根据服装比例进行推档缩放。

（5）服装配属部位的档差可灵活取值，其推档方法与主要部位的推档方法相同，同时注意服装款式部位的特殊性，如不进行跳档的部位。

（6）推档缩放的方向性：放大——远离坐标原点；缩小——向原点集中。

（7）一般应分片推档，尤其衣片相连或重叠的复杂结构，而且一定要注意坐标轴选择的一致性，否则容易造成档差的混乱。

（8）一般以净板推档，尤其是较复杂的结构款式，推好后再将各号型的样板放缝。对于结构简单的样板，也可采用毛板推档。

# 第二节　服装样板推档方法

目前国内服装行业使用的推板方法有两种：点放码和线放码。这两种推板方法虽然形式上有所不同，但原理是一致的，都是一种放大与缩小的相似形。点放码是指将衣片的各个控制点按照一定的缩放值在二维坐标系中移位，然后再以母板的形状为依据连接放缩后的各控制点，从而得到所需的各规格纸样。线放码是指在纸样的适当位置引入合理的纵向和横向的分割线，然后在分割线中输入切开量（根据档差计算得到的缩放值），使整体纸样的轮廓符合各规格的纸样要求。与点放码相比，线放码更加精准，但操作较复杂。因此，目前我国服装企业大多使用点放码的方式。推板的具体操作也有很多种，但常用的有下面三种。

## 一、直接推档法

直接推档法是以中间规格样板为基础，运用数学几何中的相似形原理，选定坐标轴，根据各缩放点的缩放值，推出放大或缩小的其他规格的各个控制点，然后将同一规格的各个控制点连接成新纸样。直接推档法缩放的型号较多时容易形成累积误差，但这种方法操作简单，效率高，累积误差可通过样板的审核来修正，因此直接推档法是目前采用最多的推板方式，也是本书制板实例中采用的推板方式，其推板步骤为：

（1）根据规格表中的规格尺寸绘制出中间号型的结构图作为母板，如图3-4所示。

（2）选取坐标轴，用"▷"标示坐标原点的位置，如图3-5所示。

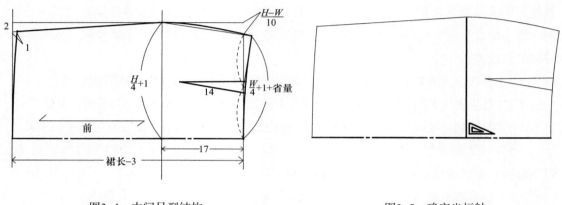

图3-4　中间号型结构　　　　　　　　　图3-5　确定坐标轴

（3）确定所要推的第一个规格号型，一般为相邻的号型，确定各控制点的横向、纵向缩放值如图3-6所示。在同一张样板纸上推出这一号型的各个控制点，连接推好的各控制点，得出新的结构样板。

（4）用同样的方法推出其他各个号型的结构样板，如图3-7所示。

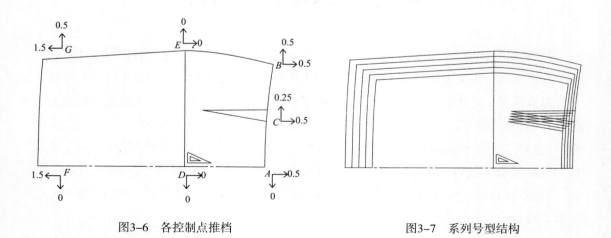

图3-6　各控制点推档　　　　　　　　　图3-7　系列号型结构

（5）用点线器压印出各个规格的结构样板。

（6）将各规格结构样板加放缝份及贴边，做好刀眼、钻眼及文字标注，如图3-8所示。

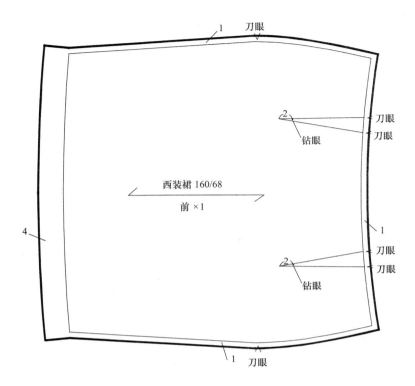

图3-8　分立样板后加入缝份、对位记号、文字

（7）整理好各规格样板完整的一套系列样板。

## 二、等分推档法

等分推档法是指在同一坐标轴上画出最大号和最小号的服装样板，再直线连接两个样板中相对应的各个控制点并等分连接线，然后分别连接同一型号的各等分点，从而得到新的服装样板。等分推档法通过控制最大号和最小号的样板形状，能够避免因推板中误差所造成的样板变形，比直接推档法精确度更高，但等分推档法只适用于服装整体推板（规则放码），无法用于不规则放码中。

等分法推档虽不常用，但其样板的精确度使得它具有推广的价值，其推板步骤为：

（1）根据规格表中的规格尺寸绘制出最大（最小）号型的结构图。

（2）选取坐标轴，确定坐标原点。

（3）在同一坐标轴上绘制最小（最大）号型的结构图，如图3-9所示。

（4）连接最大号和最小号相同部位的各个控制点。

（5）等分各控制点连接线，中间有N个号型就做（N+1）个等分，如图3-10所示。

（6）连接各个相同号型的各控制点，得出各号型的结构样板，如图3-11所示。

（7）用点线器压印出各个规格的结构样板。

（8）将各规格结构样板加放缝份及贴边，做好刀眼、钻眼及文字标注。

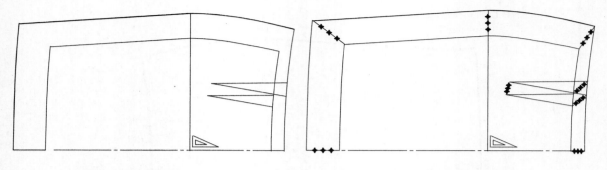

图3-9　最大号和最小号结构　　　　　图3-10　等分各控制点连线

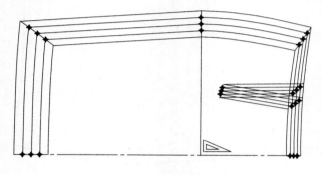

图3-11　系列号型结构

（9）整理好各个样板成完整的一系列样板。

## 三、计算机推板

目前国内生产中有手工推板和计算机推板。与手工推板相比，计算机推板的精确度更高、速度更快，可使推板的效率提高几倍至几十倍。特别是号型或规格越多，提高的效果也越高。同时，使用绘图机绘制的纸样曲线光滑、圆顺，点、线定位准确、规范。纸样的保存与查阅也更方便，因此，越来越多的企业开始用计算机进行推板。

## 本章小结

1. 服装样板放缩的概念。
2. 服装样板放缩的原理。
3. 服装样板放缩的方法。

## 练习题

1. 服装样板推档、服装整体推板与服装局部推板的概念是什么？
2. 解说服装样板的缩放原理。
3. 服装样板推档的方法有哪些？
4. 直接推档法有哪些步骤？
5. 等分法有哪些步骤？

## 女装制板实训

**课题名称：** 女装制板实训

**课题内容：** 1．西装裙制板

　　　　　　2．斜裙制板

　　　　　　3．塔裙制板

　　　　　　4．女裤制板

　　　　　　5．女衬衫制板

　　　　　　6．女春秋衫制板

　　　　　　7．女西装制板

　　　　　　8．女大衣制板

　　　　　　9．女旗袍制板

**课题时间：** 54课时

**教学目的：** 掌握各女装款式制板中的规格制定、结构制图、档差设置及各衣片推档。

**教学重点：** 各款式女装制板中的规格制定、结构制图、档差设置及推档。

**教学要求：** 1．用服装实物给学生讲解各部位的结构特征。

　　　　　　2．每款服装完成制板讲解与演示后，让学生整理笔记，并完成1：5或1：1的制板实训。

# 第四章　女装制板实训

## 第一节　西装裙制板

### 一、款式描述

此款西装裙为中腰，筒型，后裙摆开衩，裙长至膝盖上约8cm处，如图4-1所示。

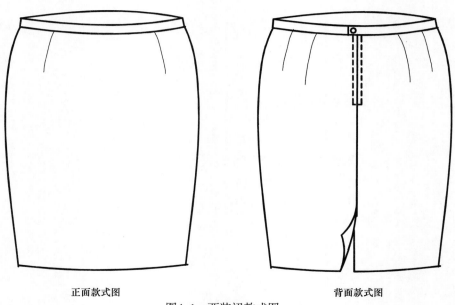

正面款式图　　　　　　　　　　背面款式图

图4-1　西装裙款式图

### 二、规格表(表4-1)

其中，臀围档差理论上应为1.8cm，这里采用2cm是为了方便制图、推档。

表4-1　西装裙成品尺寸表　　　　　　　　　　单位：cm

| 尺寸　　　号型<br>部位 | 150/64A | 155/66A | 160/68A | 165/70A | 170/72A | 档差 |
|---|---|---|---|---|---|---|
| 裙　长 | 47 | 48.5 | 50 | 51.5 | 53 | 1.5 |
| 腰　围 | 65 | 67 | 69 | 71 | 73 | 2 |
| 臀　围 | 90 | 92 | 94 | 96 | 98 | 2 |
| 下摆围 | 82 | 84 | 86 | 88 | 90 | 2 |

## 三、结构制图

### 1. 中间号型制图尺寸表

取中间号型为160/68A，制图尺寸见表4-2。

表4-2 西装裙中间号型制图尺寸表 单位：cm

| 部位 | 裙长 | 腰围（$W$） | 臀围（$H$） | 下摆围 |
|------|------|----------|----------|--------|
| 成品尺寸 | 50 | 69 | 94 | 86 |
| 缝缩量 | 1 | 1.5 | 2 | 2 |
| 制图尺寸 | 51 | 70.5 | 96 | 88 |

### 2. 结构制图（图4-2）

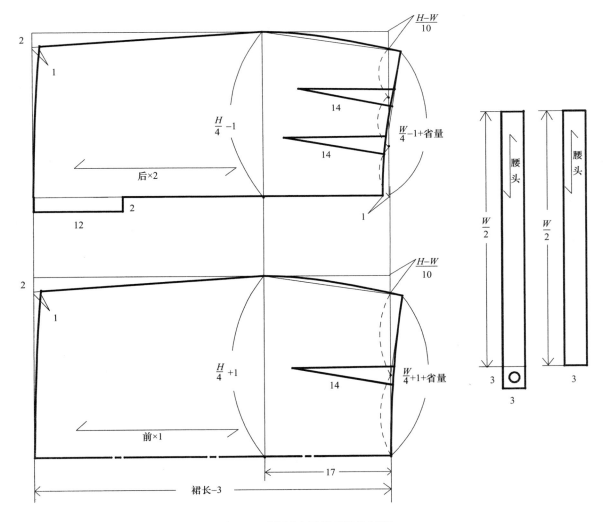

图4-2 西装裙中间号型结构制图

## 四、样板缩放（图4–3）

### 1. 西装裙前裙片样板缩放

坐标选定：前裙片以前中线为横轴，臀围线为纵轴，各控制点缩放值见表4-3。

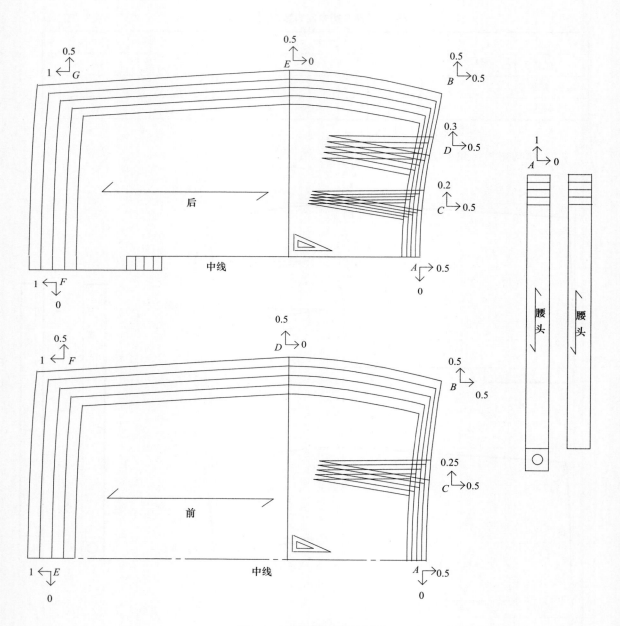

图4-3 西装裙样板缩放图

表4-3　西装裙前裙片样板缩放值说明表

| 部位代码 | 部位名称 | 缩放值说明 |
|---|---|---|
| A | 前腰点 | 单向放码点，横轴取腰臀长档差为0.5cm |
| B | 侧腰点 | 横轴取腰臀长档差为0.5cm，纵轴取$\dfrac{腰围档差}{4}$为0.5cm |
| C | 腰省点 | 横轴取腰臀长档差为0.5cm，纵轴按比例约取0.25cm |
| D | 侧臀围点 | 单向放码点，纵轴取$\dfrac{臀围档差}{4}$为0.5cm |
| E | 前中线下摆点 | 单向放码点，横轴取（裙长档差-腰臀长档差）为1cm |
| F | 前侧缝下摆点 | 横轴取（裙长档差-腰臀长档差）为1cm，纵轴取$\dfrac{下摆围档差}{4}$为0.5cm |

**2. 西装裙后裙片样板缩放**

坐标选定：后裙片以后中线为横轴，臀围线为纵轴，各控制点缩放值见表4-4。

**3. 西装裙腰头样板缩放**

腰头样板缩放时，宽度保持不变，长度依腰头分段情况而定。当腰头在后中分段时，左右腰头档差分别为1cm；当腰头在腰两侧分段时，则后腰头档差为1cm，左右前腰头档差为0.5cm。总之，每个腰头档差之和应等于腰围档差。

表4-4　西装裙后裙片样板缩放值说明表

| 部位代码 | 部位名称 | 缩放值说明 |
|---|---|---|
| A | 后腰点 | 单向放码点，横轴取腰臀长档差为0.5cm |
| B | 侧腰点 | 横轴取腰臀长档差为0.5cm，纵轴取$\dfrac{腰围档差}{4}$为0.5cm |
| C | 后腰省点 | 横轴取腰臀长档差为0.5cm，纵轴按比例约取0.2cm |
| D | 侧腰省点 | 横轴取腰臀长档差为0.5cm，纵轴按比例约取0.3cm |
| E | 侧臀围点 | 单向放码点，纵轴取$\dfrac{臀围档差}{4}$为0.5cm |
| F | 后中线下摆点 | 单向放码点，横轴取（裙长档差-腰臀长档差）为1cm |
| G | 后侧缝下摆点 | 横轴取（裙长档差-腰臀长档差）为1cm，纵轴取$\dfrac{下摆围档差}{4}$为0.5cm |

# 第二节　斜裙制板

## 一、款式描述

采用四片裙片，每片裙片45°角，飘逸又不显夸张，如图4-4所示。

正面款式图　　　　　　　　　　　背面款式图

图4-4　斜裙款式图

## 二、规格表（表4-5）

表4-5　斜裙成品尺寸表　　　　　　　　单位：cm

| 尺寸<br>部位 　号型 | 150/64A | 155/66A | 160/68A | 165/70A | 170/72A | 档差 |
|---|---|---|---|---|---|---|
| 裙　长 | 66 | 68 | 70 | 72 | 74 | 2 |
| 腰　围 | 66 | 68 | 70 | 72 | 74 | 2 |

## 三、结构制图

1. 斜裙中间号型制图尺寸表

取中间号型为160/68A，制图尺寸见表4-6。

2. 斜裙中间号型裙片结构制图（图4-5）

表4-6　斜裙中间号型制图尺寸表　　　　　　　　　　　　　　　　单位：cm

| 部位 | 裙长 | 腰围（$W$） |
|---|---|---|
| 成品尺寸 | 70 | 70 |
| 缝缩量 | 1 | 1 |
| 制图尺寸 | 71 | 71 |

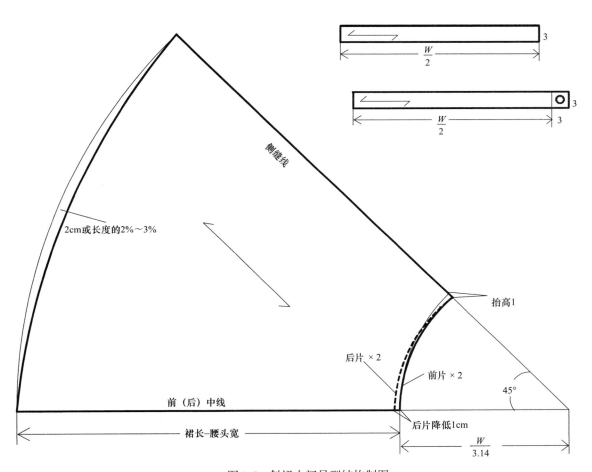

图4-5　斜裙中间号型结构制图

## 四、样板缩放

### 1. 斜裙前（后）裙片样板缩放

坐标选定：前（后）中线为横轴，过圆心画前（后）中线的垂线为纵轴，各控制点缩放值见表4-7。

表4-7　斜裙裙片样板缩放值说明表

| 部位代码 | 部位名称 | 缩放值说明 |
|---|---|---|
| A | 前（后）腰点 | 单向放码点，AC 为裙长，档差（即缩放值）为 2cm，按比例计算，A 点至坐标中心之间的缩放值约 0.6cm，即横轴缩放值取 0.6cm |
| B | 侧腰点 | 沿侧缝线方向缩放值为 0.6cm，分解到坐标轴上，横轴取 0.42cm，纵轴取 0.42cm |
| C | 前（后）裙中线下摆点 | 单向放码点，横轴取 2.6cm |
| D | 侧缝下摆点 | 沿侧缝线方向缩放值为 2.6cm，分解到坐标轴上，横轴取 1.84cm，纵轴取 1.84cm |

**2. 斜裙腰头样板缩放**

腰头样板缩放时，宽度保持不变，长度依腰头分段情况而定。当腰头在后中分段时，左右腰头档差分别为1cm；当腰头在腰两侧分段时，则后腰片档差为1cm，左右前腰片档差各为0.5cm。总之，每个腰头档差之和应等于腰围档差。

**3. 斜裙样板缩放图（图4-6）**

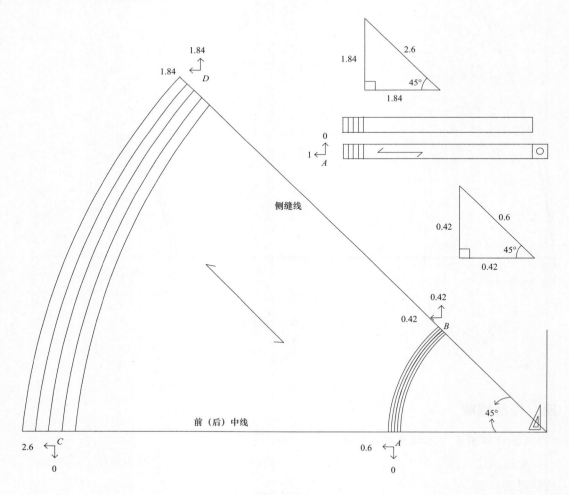

图4-6　斜裙前裙片样板缩放图

裙片样板缩放图，后裙片的系列样板在后腰中心A点处下降1cm即可。

# 第三节  塔裙制板

## 一、款式描述

三节式塔裙，可爱又浪漫，可采用薄料或中薄料制作，如图4-7所示。

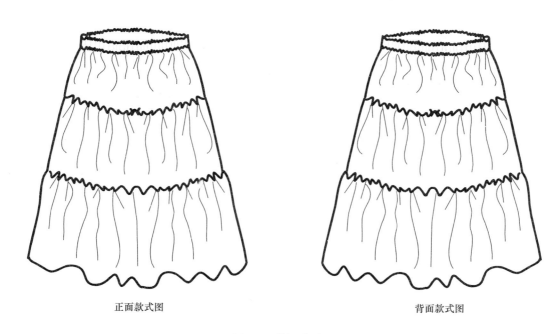

正面款式图                    背面款式图

图4-7  塔裙款式图

## 二、规格表（表4-8）

表4-8  塔裙成品尺寸表                    单位：cm

| 尺寸\部位 \ 号型 | 150/64A | 155/66A | 160/68A | 165/70A | 170/72A | 档差 |
|---|---|---|---|---|---|---|
| 裙　长 | 76 | 78 | 80 | 82 | 84 | 2 |
| 腰　围 | 66 | 68 | 70 | 72 | 74 | 2 |

## 三、结构制图

1. 塔裙中间号型制图尺寸表

取中间号型为160/68A，制图尺寸见表4-9。

表4-9　塔裙中间号型制图尺寸表　　　　　　　　　　　　　　单位：cm

| 部位 | 裙长 | 腰围（$W$） |
|---|---|---|
| 成品尺寸 | 80 | 70 |
| 缝缩量 | 1.5 | 1 |
| 制图尺寸 | 81.5 | 71 |

### 2. 塔裙中间号型结构制图(图4-8)

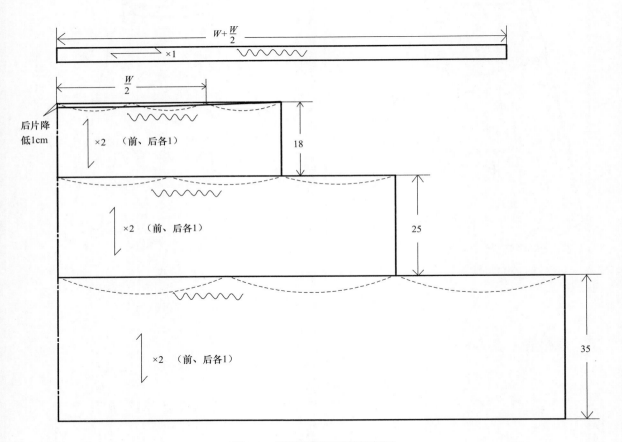

图4-8　塔裙中间号型结构制图

## 四、样板缩放

### 1. 塔裙裙片样板缩放

坐标选定：由于塔裙各裙片结构简单，基本上都为矩形，因此坐标选定时选矩形其中一角的长与宽分别作为横轴与纵轴即可。缩放值按裙片比例取，如图4-9所示。

2. 塔裙样板缩放图(图4-9)

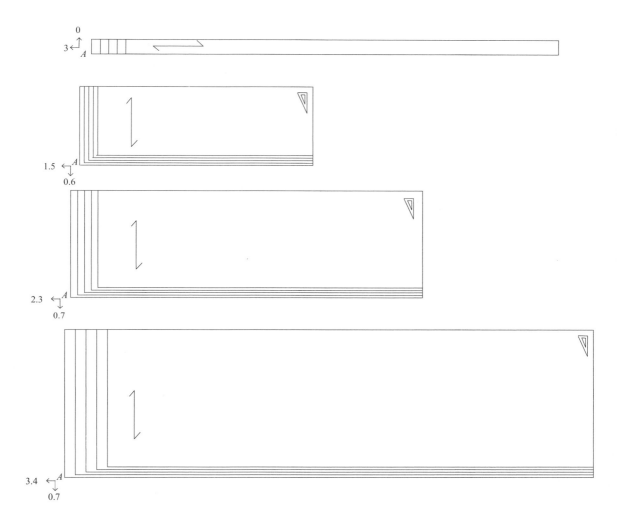

图4-9 塔裙样板缩放图

# 第四节 女裤制板

## 一、款式描述

斜插袋，前片腰省采用活褶，裤口收褶，使腰线以下造型有适当的蓬松感，如图4-10所示。

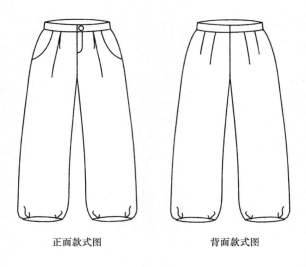

正面款式图　　　　　　　　背面款式图

图4-10　女裤款式图

## 二、规格表（表4-10）

表4-10　女裤成品尺寸表　　　　　　　单位：cm

| 尺寸<br>部位　　号型 | 150/64A | 155/66A | 160/68A | 165/70A | 170/72A | 档差 |
|---|---|---|---|---|---|---|
| 裤　长 | 94 | 97 | 100 | 103 | 106 | 3 |
| 腰　围 | 66 | 68 | 70 | 72 | 74 | 2 |
| 臀　围 | 94 | 96 | 98 | 100 | 102 | 2 |
| 裤口围 | 46 | 47 | 48 | 49 | 50 | 1 |

## 三、结构制图

### 1. 女裤中间号型制图尺寸表

取中间号型为160/68A，制图尺寸见表4-11。

表4-11　女裤中间号型制图尺寸表　　　　　　单位：cm

| 部位 | 裤长 | 腰围（$W$） | 臀围（$H$） | 裤口围 |
|---|---|---|---|---|
| 成品尺寸 | 100 | 70 | 98 | 48 |
| 缝缩量 | 2 | 1.5 | 2 | 1 |
| 制图尺寸 | 102 | 71.5 | 100 | 49 |

### 2. 女裤中间号型裤片、零部件结构制图（图4-11、图4-12）

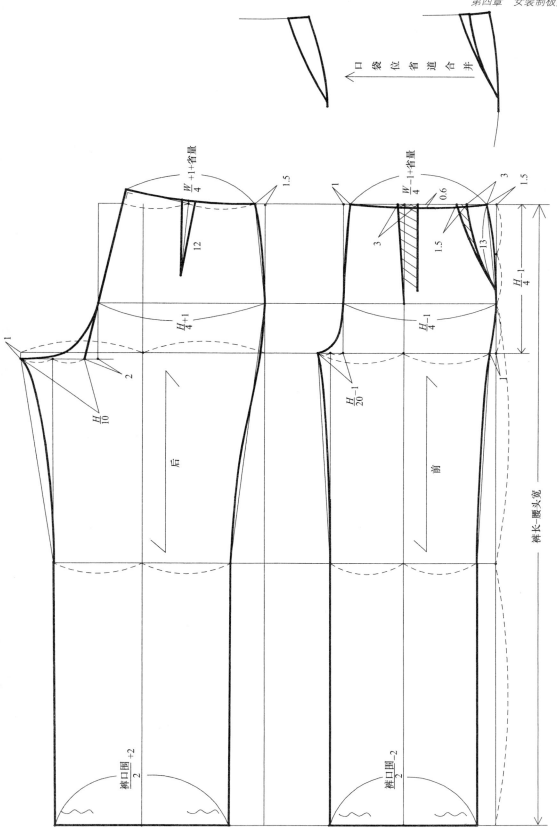

图4-11 女裤中间号型裤片结构制图

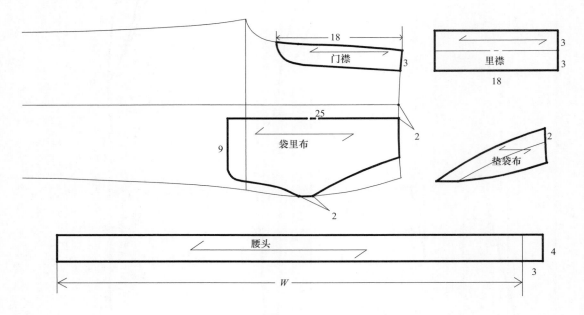

图4-12　女裤中间号型零部件结构制图

## 四、样板缩放（图4-13）

### 1. 女裤前裤片样板缩放

坐标选定：前裤片以烫迹线为横轴，横裆线为纵轴，各控制点缩放值见表4-12。

### 2. 女裤后裤片样板缩放

坐标选定：后裤片以烫迹线为横轴，横裆线为纵轴，各控制点缩放值见表4-13。

### 3. 女裤零部件样板缩放

腰头样板缩放时，宽度保持不变，长度依腰头分段情况而定。当腰头不分段时，腰头档差为2cm；当腰头在后中分段时，左右腰头档差分别为1cm；当腰头在腰两侧分段时，则后腰头档差为1cm，左右前腰头档差各为0.5cm。总之，腰头档差之和应等于腰围档差。

裤门襟、裤里襟保持宽度不变，长度依缝合的裤片尺寸比例缩放0.4cm。袋里布长度缩放0.6cm，宽度缩放0.3cm。垫袋布宽度不变，长度缩放0.3cm。

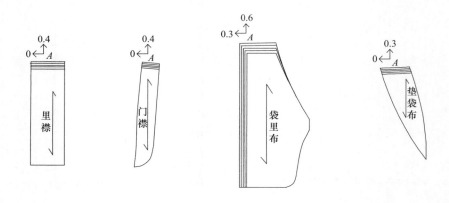

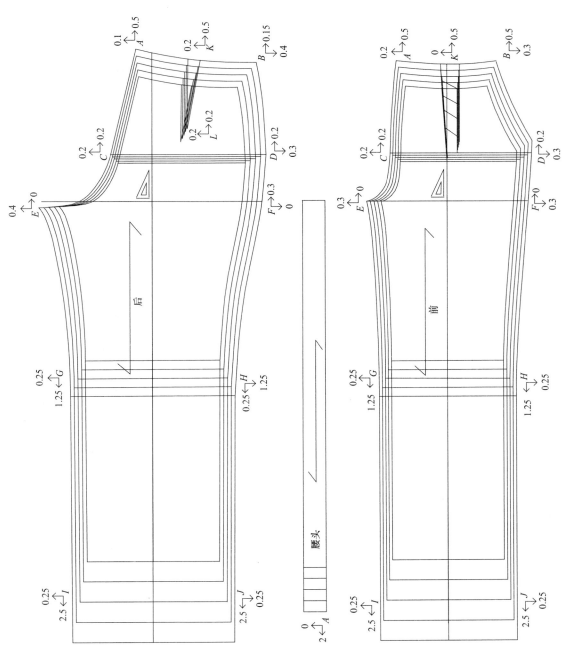

图4-13 女裤样板缩放图

表4-12 女裤前裤片样板缩放值说明表

| 部位代码 | 部位名称 | 缩放值说明 |
|---|---|---|
| A | 前腰点 | 横轴取 $\dfrac{臀围档差}{4}$ 为 0.5cm，纵轴取 $\dfrac{2}{5} \times \dfrac{腰围档差}{4}$ 为 0.2cm |
| B | 侧腰点 | 横轴取 $\dfrac{臀围档差}{4}$ 为 0.5cm，纵轴取 $\dfrac{3}{5} \times \dfrac{腰围档差}{4}$ 为 0.3cm |
| C | 前臀围点 | 横轴取 $\dfrac{上档长档差}{3}$ [①] 约为 0.2cm，纵轴取 $\dfrac{2}{5} \times \dfrac{臀围档差}{4}$ 为 0.2cm |
| D | 侧臀围点 | 横轴取 $\dfrac{上档长档差}{3}$ 约为 0.2cm，纵轴取 $\dfrac{3}{5} \times \dfrac{臀围档差}{4}$ 为 0.3cm |
| E | 前横档点 | 单向放码点，纵轴取 $\dfrac{2}{5} \times \dfrac{臀围档差}{4} + \dfrac{臀围档差}{20}$ 为 0.3cm |
| F | 侧横档点 | 单向放码点，纵轴取 $\dfrac{3}{5} \times \dfrac{臀围档差}{4}$ 为 0.3cm |
| G | 前膝围点 | 横轴取 $\dfrac{裤长档差-上档长档差}{2}$ 为 1.25cm，纵轴取 $\dfrac{前横档点档差+前裤口围档差}{2}$ 为 0.25cm |
| H | 侧膝围点 | 横轴取 $\dfrac{裤长档差-上档长档差}{2}$ 为 1.25cm，纵轴取 $\dfrac{侧横档点档差+侧裤口点档差}{2}$ 为 0.25cm |
| I | 前裤口点 | 横轴取裤长档差 − 上档长档差为 2.5cm，纵轴取 $\dfrac{裤口围档差}{4}$ 为 0.25cm |
| J | 侧裤口点 | 横轴取裤长档差 − 上档长档差为 2.5cm，纵轴取 $\dfrac{裤口围档差}{4}$ 为 0.25cm |
| K | 前腰省点 | 单向放码点，横轴取 $\dfrac{臀围档差}{4}$ 为 0.5cm |

① 上档长档差 $= \dfrac{臀围档差}{4}$。

表4-13 女裤后裤片样板缩放值说明表

| 部位代码 | 部位名称 | 缩放值说明 |
|---|---|---|
| A | 后腰点 | 横轴取 $\dfrac{臀围档差}{4}$ 为 0.5cm，纵轴取 $\dfrac{1}{5} \times \dfrac{腰围档差}{4}$ 为 0.1cm |
| B | 侧腰点 | 横轴取 $\dfrac{臀围档差}{4}$ 为 0.5cm，纵轴取 $\dfrac{4}{5} \times \dfrac{腰围档差}{4}$ 为 0.4cm |
| C | 后臀围点 | 横轴取 $\dfrac{上档长档差}{3}$ 约为 0.2cm，纵轴取 $\dfrac{2}{5} \times \dfrac{臀围档差}{4}$ 为 0.2cm |
| D | 侧臀围点 | 横轴取 $\dfrac{上档长档差}{3}$ 为 0.2cm，纵轴取 $\dfrac{3}{5} \times \dfrac{臀围档差}{4}$ 为 0.3cm |
| E | 后横档点 | 单向放码点，纵轴取 $\dfrac{2}{5} \times \dfrac{臀围档差}{4} + \dfrac{臀围档差}{10}$ 为 0.4cm |

续表

| 部位代码 | 部位名称 | 缩放值说明 |
|---|---|---|
| $F$ | 侧横裆点 | 单向放码点，纵轴取 $\dfrac{3}{5}\times\dfrac{臀围档差}{4}$ 为 0.3cm |
| $G$ | 后膝围点 | 横轴取 $\dfrac{裤长档差-上裆长档差}{2}$ 为 1.25cm，纵轴取 $\dfrac{后横裆点档差+后裤口围档差}{2}$ 为 0.25cm |
| $H$ | 侧膝围点 | 横轴取 $\dfrac{裤长档差-上裆长档差}{2}$ 为 1.25cm，纵轴取 $\dfrac{侧横裆点档差+侧裤口围档差}{2}$ 为 0.25cm |
| $I$ | 后裤口点 | 横轴取裤长档差－上裆长档差为 2.5cm，纵轴取 $\dfrac{裤口围档差}{4}$ 为 0.25cm |
| $J$ | 侧裤口点 | 横轴取裤长档差－上裆长档差为 2.5cm，纵轴取 $\dfrac{裤口围档差}{4}$ 为 0.25cm |
| $K$ | 后腰省点 | 横轴取 $\dfrac{臀围档差}{4}$ 为 0.5cm，纵轴取 $\dfrac{侧腰点档差}{2}$ 为 0.2cm |
| $L$ | 后腰省尖点 | 横轴取 $\dfrac{2\times上裆长档差}{5}$ 为 0.2cm，纵轴取 $\dfrac{侧腰点档差}{2}$ 为 0.2cm |

# 第五节　女衬衫制板

## 一、款式描述

此款女衬衫的领子采用常见的领座与翻领分裁的方式，短袖，腰部适当收省，如图 4-14 所示。

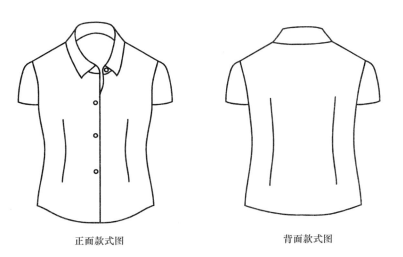

正面款式图　　　　　　　　背面款式图

图4-14　女衬衫款式图

## 二、规格表（表4-14）

表4-14 女衬衫成品尺寸表　　　　　　　　　　　　单位：cm

| 尺寸　　号型　部位 | 150/76A | 155/80A | 160/84A | 165/88A | 170/92A | 档差 |
|---|---|---|---|---|---|---|
| 衣　长 | 56 | 58 | 60 | 62 | 64 | 2 |
| 腰节长 | 37 | 38 | 39 | 40 | 41 | 1 |
| 胸　围 | 86 | 90 | 94 | 98 | 102 | 4 |
| 领　围 | 36 | 37 | 38 | 39 | 40 | 1 |
| 肩　宽 | 37 | 38 | 39 | 40 | 41 | 1 |
| 袖　长 | 16.4 | 17.2 | 18 | 18.8 | 19.6 | 0.8 |
| 袖口围 | 30.1 | 31.3 | 32.5 | 33.7 | 34.9 | 1.2 |

## 三、结构制图

### 1. 中间号型制图尺寸表

取中间号型为160/84A，制图尺寸见表4-15。

表4-15 女衬衫中间号型制图尺寸表　　　　　　　　单位：cm

| 部位 | 衣长 | 腰节长 | 胸围（$B$） | 领围（$N$） | 肩宽（$S$） | 袖长 | 袖口围 |
|---|---|---|---|---|---|---|---|
| 成品尺寸 | 60 | 39 | 94 | 38 | 39 | 18 | 32.5 |
| 缝缩量 | 1.5 | 1 | 2 | 1 | 1 | 0.5 | 0.7 |
| 制图尺寸 | 61.5 | 40 | 96 | 39 | 40 | 18.5 | 33.2 |

### 2. 女衬衫中间号型衣片结构制图（图4-15）
### 3. 女衬衫中间号型挂面结构制图（图4-16）
### 4. 女衬衫中间号型领子结构制图（图4-17）
### 5. 女衬衫中间号型袖子结构制图（图4-18）

## 四、样板缩放（图4-19）

### 1. 女衬衫前衣片样板缩放

坐标选定：前衣片以前中线为横轴，胸围线为纵轴，各控制点缩放值见表4-16。

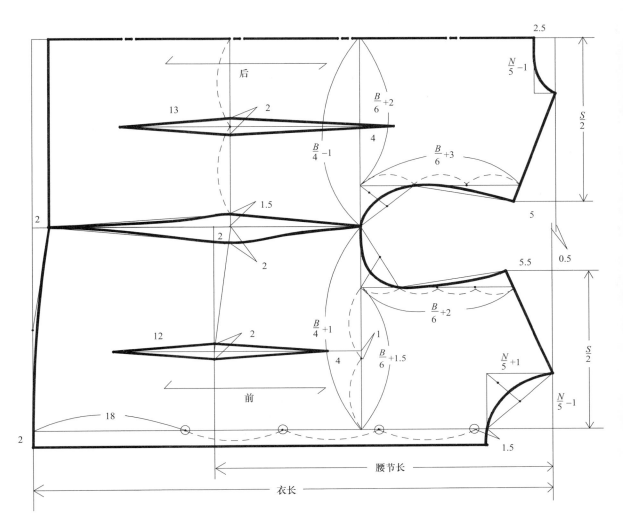

图4-15　女衬衫中间号型衣片结构制图

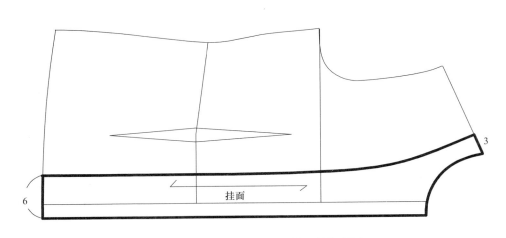

图4-16　女衬衫中间号型挂面结构制图

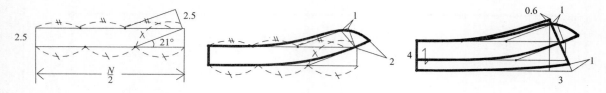

图4-17　女衬衫中间号型领子结构制图

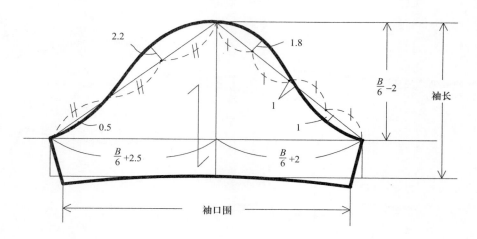

图4-18　女衬衫中间号型袖子结构制图

表4-16　女衬衫前衣片样板缩放值说明表

| 部位代码 | 部位名称 | 缩放值说明 |
|---|---|---|
| $A$ | 肩端点 | 横轴取$\dfrac{胸围档差}{6}$约为0.7cm，纵轴取$\dfrac{肩宽档差}{2}$为0.5cm |
| $B$ | 颈肩点 | 横轴取$\dfrac{胸围档差}{6}$约为0.7cm，纵轴取$\dfrac{领围档差}{5}$为0.2cm |
| $C$ | 颈窝点 | 单向放码点，横轴取$\dfrac{胸围档差}{6}-\dfrac{领围档差}{5}$为0.5cm |
| $D$ | 袖窿切点 | 横轴取$\dfrac{1}{4}\times\dfrac{胸围档差}{6}$约为0.2cm，纵轴取$\dfrac{胸围档差}{6}$为0.7cm |
| $E$ | 胸围侧缝点 | 单向放码点，纵轴取$\dfrac{胸围档差}{4}$为1cm |
| $F$ | 腰围侧缝点 | 横轴取腰节长档差$-\dfrac{胸围档差}{6}$为0.3cm，纵轴与前胸围侧缝点一致取1cm |
| $G$ | 中线腰围点 | 单向放码点，横轴与前腰围侧缝点一致取0.3cm |
| $H$ | 下摆侧缝点 | 横轴取衣长档差$-\dfrac{胸围档差}{6}$为1.3cm，纵轴与前胸围侧缝点一致取1cm |
| $I$ | 中线下摆点 | 单向放码点，横轴与前下摆侧缝点一致取1.3cm |
| $J$ | 腰省点 | 横轴与前腰围侧缝点一致取0.3cm，纵轴取$\dfrac{1}{2}\times\dfrac{胸围档差}{6}$为0.35cm |

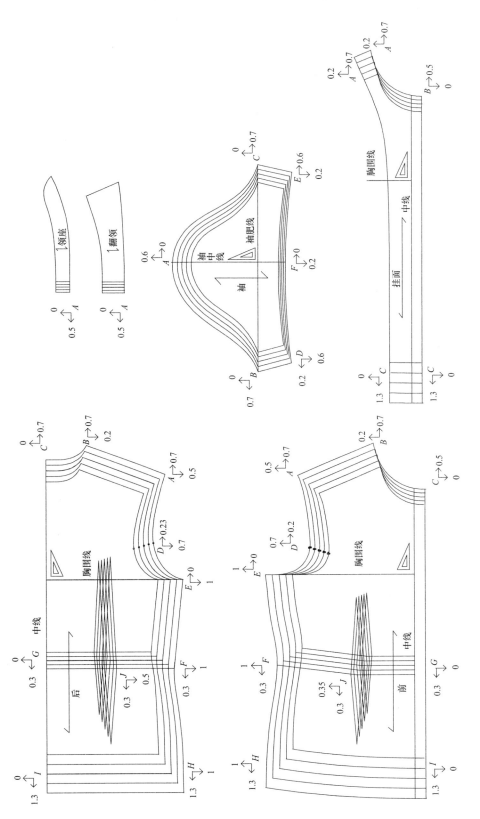

图4-19 女衬衫样板缩放图

2. **女衬衫后衣片样板缩放**

坐标选定：后衣片以后中线为横轴，胸围线为纵轴，各控制点缩放值见表4-17。

表4-17　女衬衫后衣片样板缩放值说明表

| 部位代码 | 部位名称 | 缩放值说明 |
|---|---|---|
| A | 肩端点 | 横轴取 $\dfrac{胸围档差}{6}$ 约为0.7cm，纵轴取 $\dfrac{肩宽档差}{2}$ 为0.5cm |
| B | 颈肩点 | 横轴取 $\dfrac{胸围档差}{6}$ 约为0.7cm，纵轴取 $\dfrac{领围档差}{5}$ 为0.2cm |
| C | 第七颈椎点 | 单向放码点，横轴取 $\dfrac{胸围档差}{6}$ 为0.7cm |
| D | 袖窿切点 | 横轴取 $\dfrac{1}{3} \times \dfrac{胸围档差}{6}$ 约为0.23cm，纵轴取 $\dfrac{胸围档差}{6}$ 为0.7cm |
| E | 胸围侧缝点 | 单向放码点，纵轴取 $\dfrac{胸围档差}{4}$ 为1cm |
| F | 腰围侧缝点 | 横轴取腰节长档差 $-\dfrac{胸围档差}{6}$ 为0.3cm，纵轴与后胸围侧缝点一致取1cm |
| G | 中线腰围点 | 单向放码点，横轴与后腰围侧缝点一致取0.3cm |
| H | 下摆侧缝点 | 横轴取衣长档差 $-\dfrac{胸围档差}{6}$ 为1.3cm，纵轴与后胸围侧缝点一致取1cm |
| I | 中线下摆点 | 单向放码点，横轴与后下摆侧缝点一致取1.3cm |
| J | 腰省点 | 横轴与后腰围侧缝点一致取0.3cm，纵轴取 $\dfrac{1}{2} \times \dfrac{腰围档差}{4}$ 为0.5cm |

3. **女衬衫前挂面样板缩放**

挂面的缩放坐标以前中线为横轴，胸围线为纵轴，系列样板整体宽度不变，领口部位及长度方向的缩放值参考前衣片。

4. **女衬衫领子样板缩放**

领子的系列样板以后领中线为坐标，保持宽度不变，长度方向的缩放值取 $\dfrac{领围档差}{2}$ 为0.5cm。

5. **女衬衫袖子样板缩放**

坐标选定：袖子以袖肥线为横轴，袖中线为纵轴，各控制点缩放值见表4-18。

表4-18　女衬衫袖子样板缩放值说明表

| 部位代码 | 部位名称 | 缩放值说明 |
|---|---|---|
| A | 袖顶点 | 单向放码点，纵轴取袖窿深档差 $\dfrac{5}{6}$ 为0.6cm |
| B | 后袖肥点 | 单向放码点，横轴取 $\dfrac{胸围档差}{6}$ 约为0.7cm |

| 部位代码 | 部位名称 | 缩放值说明 |
|---|---|---|
| $C$ | 前袖肥点 | 单向放码点，横轴取$\dfrac{胸围档差}{6}$约为0.7cm |
| $D$ | 后袖口点 | 横轴取$\dfrac{袖口围档差}{2}$为0.6cm，纵轴取袖长档差−袖顶点档差为0.2cm |
| $E$ | 前袖口点 | 横轴取$\dfrac{袖口围档差}{2}$为0.6cm，纵轴取袖长档差−袖顶点档差为0.2cm |
| $F$ | 袖口中点 | 单向放码点，纵轴取袖长档差−袖顶点档差为0.2cm |

# 第六节　女春秋衫制板

## 一、款式描述

时尚春秋衫，翻领，一片袖，袖口采用荷叶褶，衣身收腰，衣摆省道部位加入褶裥，外型轮廓呈X型，突出女性优美的曲线，如图4−20所示。

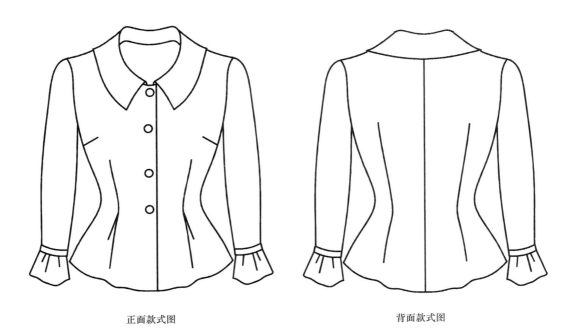

正面款式图　　　　　　　　　　背面款式图

图4−20　女春秋衫款式图

## 二、规格表（表4-19）

表4-19 女春秋衫成品尺寸表　　　　　　　　单位：cm

| 尺寸<br>部位　　　号型 | 150/76A | 155/80A | 160/84A | 165/88A | 170/92A | 档差 |
|---|---|---|---|---|---|---|
| 衣　长 | 54 | 56 | 58 | 60 | 62 | 2 |
| 胸　围 | 86 | 90 | 94 | 98 | 102 | 4 |
| 领　围 | 38 | 39 | 40 | 41 | 42 | 1 |
| 肩　宽 | 37 | 38 | 39 | 40 | 41 | 1 |
| 袖　长 | 53 | 54.5 | 56 | 57.5 | 59 | 1.5 |
| 袖口围 | 22 | 23 | 24 | 25 | 26 | 1 |
| 腰节长 | 37 | 38 | 39 | 40 | 41 | 1 |

## 三、结构制图

### 1. 女春秋衫中间号型制图尺寸表

取中间号型为160/84A，制图尺寸见表4-20。

表4-20 女衬衣中间号型制图尺寸表　　　　　　　　单位：cm

| 部位 | 衣长 | 腰节长 | 胸围（$B$） | 领围（$N$） | 肩宽（$S$） | 袖长 | 袖口围 |
|---|---|---|---|---|---|---|---|
| 成品尺寸 | 58 | 39 | 94 | 40 | 39 | 56 | 24 |
| 缝缩量 | 1.2 | 0.8 | 2 | 1 | 1 | 1 | 0.5 |
| 制图尺寸 | 59.2 | 39.8 | 96 | 41 | 40 | 57 | 24.5 |

### 2. 女春秋衫中间号型衣片结构制图（图4-21）

### 3. 女春秋衫中间号型领子结构制图（图4-22）

### 4. 女春秋衫中间号型袖子结构制图（图4-23）

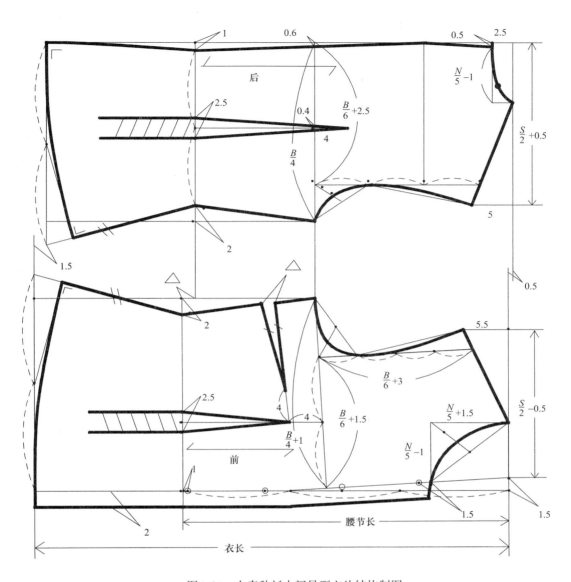

图4-21　女春秋衫中间号型衣片结构制图

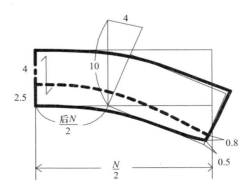

图4-22　女春秋衫中间号型领子结构制图

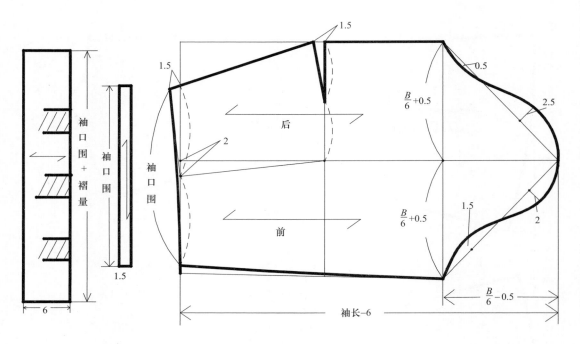

图4-23　女春秋衫中间号型袖子结构制图

## 四、样板缩放（图4-24）

### 1. 女春秋衫前衣片样板缩放

坐标选定：前衣片以前中线为横轴，胸围线为纵轴，各控制点缩放值见表4-21。

表4-21　女春秋衫前衣片样板缩放值说明表

| 部位代码 | 部位名称 | 缩放值说明 |
| --- | --- | --- |
| $A$ | 肩端点 | 横轴取 $\dfrac{胸围档差}{6}$ 约为 0.7cm，纵轴取 $\dfrac{肩宽档差}{2}$ 为 0.5cm |
| $B$ | 颈肩点 | 横轴取 $\dfrac{胸围档差}{6}$ 约为 0.7cm，纵轴取 $\dfrac{领围档差}{5}$ 为 0.2cm |
| $C$ | 前颈窝点 | 单向放码点，横轴取 $\dfrac{胸围档差}{6} - \dfrac{领围档差}{5}$ 为 0.5cm |
| $D$ | 前袖窿切点 | 横轴取 $\dfrac{1}{4} \times \dfrac{胸围档差}{6}$ 约为 0.2cm，纵轴取 $\dfrac{胸围档差}{6}$ 为 0.7cm |
| $E$ | 前胸围侧缝点 | 单向放码点，纵轴取 $\dfrac{胸围档差}{4}$ 为 1cm |
| $F$ | 腋下省 | 横轴取 $\dfrac{1}{2} \times$ 腰节长档差 $- \dfrac{胸围档差}{6}$ 为 0.15cm，纵轴与前胸围侧缝点一致取 1cm |
| $G$ | 前腰围侧缝点 | 横轴取腰节长档差 $- \dfrac{胸围档差}{6}$ 为 0.3cm，纵轴与前胸围侧缝点一致取 1cm |
| $H$ | 前中线腰围点 | 单向放码点，横轴与前腰围侧缝点一致取 0.3cm |
| $I$ | 前下摆侧缝点 | 横轴取衣长档差 $- \dfrac{胸围档差}{6}$ 为 1.3cm，纵轴与前胸围侧缝点一致取 1cm |
| $J$ | 前中线下摆点 | 单向放码点，横轴与前下摆侧缝点一致取 1.3cm |
| $K$ | 前腰省点 | 横轴与前腰围侧缝点一致取 0.3cm，纵轴取 $\dfrac{1}{2} \times \dfrac{胸围档差}{6}$ 约 0.35cm |

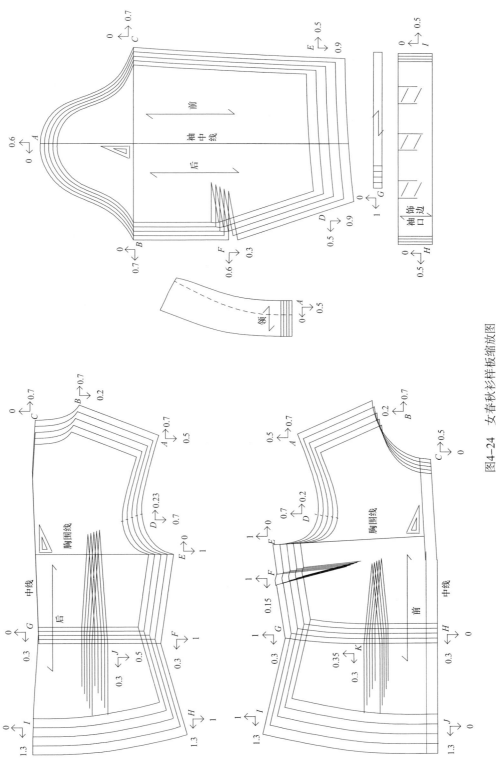

图4-24 女春秋衫样板缩放图

**2. 女春秋衫后衣片样板缩放**

坐标选定：后衣片以后中线为横轴，胸围线为纵轴，各控制点缩放值见表4-22。

表4-22 女春秋衫后衣片样板缩放值说明表

| 部位代码 | 部位名称 | 缩放值说明 |
|---|---|---|
| A | 肩端点 | 横轴取$\dfrac{胸围档差}{6}$约为0.7cm，纵轴取$\dfrac{肩宽档差}{2}$为0.5cm |
| B | 颈肩点 | 横轴取$\dfrac{胸围档差}{6}$约为0.7cm，纵轴取$\dfrac{领围档差}{5}$为0.2cm |
| C | 第七颈椎点 | 单向放码点，横轴取$\dfrac{胸围档差}{6}$为0.7cm |
| D | 后袖窿切点 | 横轴取$\dfrac{1}{3}\times\dfrac{胸围档差}{6}$约为0.23cm，纵轴取$\dfrac{胸围档差}{6}$约为0.7cm |
| E | 后胸围侧缝点 | 单向放码点，纵轴取$\dfrac{胸围档差}{4}$为1cm |
| F | 后腰围侧缝点 | 横轴取腰节长档差$-\dfrac{胸围档差}{6}$为0.3cm，纵轴与后胸围侧缝点一致取1cm |
| G | 后中线腰围点 | 单向放码点，横轴与后腰围侧缝点一致取0.3cm |
| H | 后下摆侧缝点 | 横轴取衣长档差$-\dfrac{胸围档差}{6}$为1.3cm，纵轴与后胸围侧缝点一致取1cm |
| I | 后中线下摆点 | 单向放码点，横轴与后下摆侧缝点一致取1.3cm |
| J | 后腰省点 | 横轴与后腰围侧缝点一致取0.3cm，纵轴取$\dfrac{1}{2}\times\dfrac{胸围档差}{4}$为0.5cm |

**3. 女春秋衫领子样板缩放**

领子的系列样板以后领中线为坐标，保持宽度不变，长度方向的缩放值取$\dfrac{领围档差}{2}$为0.5cm。

**4. 女春秋衫袖子样板缩放**

坐标选定：袖子以袖山线为横轴，袖中线为纵轴，各控制点缩放值见表4-23。

表4-23 女春秋衫袖子样板缩放值说明表

| 部位代码 | 部位名称 | 缩放值说明 |
|---|---|---|
| A | 袖顶点 | 单向放码点，纵轴取袖窿深档差$\times\dfrac{5}{6}$约为0.6cm |
| B | 后袖肥点 | 单向放码点，横轴取$\dfrac{胸围档差}{6}$约为0.7cm |
| C | 前袖肥点 | 单向放码点，横轴取$\dfrac{胸围档差}{6}$约为0.7cm |
| D | 前袖口点 | 横轴取$\dfrac{袖口围档差}{2}$约为0.5cm，纵轴取袖长档差$-$袖顶点档差为0.9cm |

续表

| 部位代码 | 部位名称 | 缩放值说明 |
|---|---|---|
| $E$ | 后袖口点 | 横轴取$\dfrac{袖口围档差}{2}$为0.5cm，纵轴取袖长档差−袖顶点档差为0.9cm |
| $F$ | 袖肘省点 | 横轴取后袖肥点与后袖口点的档差的中间值0.6cm，纵轴取$\dfrac{后袖口围档差}{3}$为0.3cm |
| $G$ | 袖腕拼接带 | 保持宽度不变，长度方向档差与袖口围档差一致为1cm |
| $H（I）$ | 袖口荷叶边 | 保持宽度不变，整体长度档差总和与袖口档差一致为1cm |

# 第七节　女西装制板

## 一、款式描述

女西装基本款型，平驳领，三粒扣，如图4-25所示。

正面款式图　　　　　　　　　　　　背面款式图

图4-25　女西装款式图

## 二、规格表（表4-24）

表4-24 女西装成品尺寸表

单位：cm

| 尺寸 部位 \ 号型 | 150/76A | 155/80A | 160/84A | 165/88A | 170/92A | 档差 |
|---|---|---|---|---|---|---|
| 衣　长 | 62 | 64 | 66 | 68 | 70 | 2 |
| 腰节长 | 38 | 39 | 40 | 41 | 42 | 1 |
| 胸　围 | 86 | 90 | 94 | 98 | 102 | 4 |
| 领　围 | 38 | 39 | 40 | 41 | 42 | 1 |
| 肩　宽 | 38 | 39 | 40 | 41 | 42 | 1 |
| 袖　长 | 52 | 53.5 | 55 | 56.5 | 58 | 1.5 |
| 袖口围 | 28 | 29 | 30 | 31 | 32 | 1 |

## 三、结构制图

### 1. 女西装中间号型制图尺寸表

取中间号型160/84A，制图尺寸见表4-25。

表4-25 女西装中间号型制图尺寸表

单位：cm

| 部位 | 衣长 | 腰节长 | 胸围（$B$） | 领围（$N$） | 肩宽（$S$） | 袖长 | 袖口围 |
|---|---|---|---|---|---|---|---|
| 成品尺寸 | 66 | 40 | 94 | 40 | 40 | 55 | 30 |
| 缝缩量 | 1.5 | 1 | 2 | 1 | 1 | 1 | 1 |
| 制图尺寸 | 67.5 | 41 | 96 | 41 | 41 | 56 | 31 |

### 2. 女西装中间号型衣片结构制图（图4-26）
### 3. 女西装中间号型挂面结构制图（图4-27）
### 4. 女西装中间号型领子结构制图（图4-28）
### 5. 女西装中间号型袖子结构制图（图4-29）

## 四、样板缩放（图4-30）

### 1. 女西装前衣片样板缩放

坐标选定：前衣片以前中线为横轴，胸围线为纵轴，各控制点缩放值见表4-26。

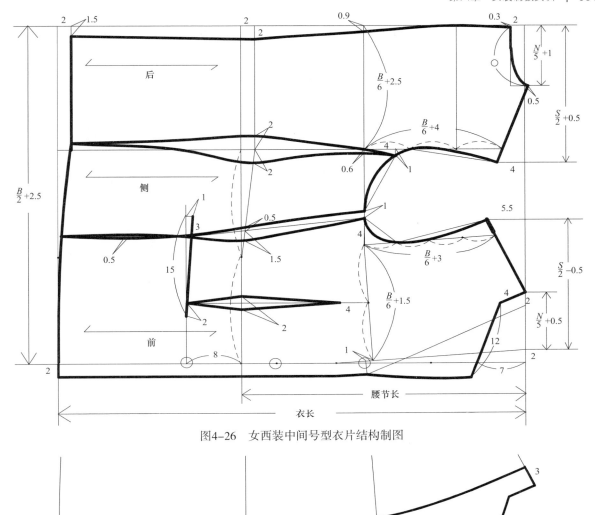

图4-26 女西装中间号型衣片结构制图

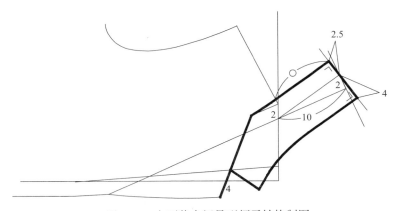

图4-27 女西装中间号型挂面结构制图

图4-28 女西装中间号型领子结构制图

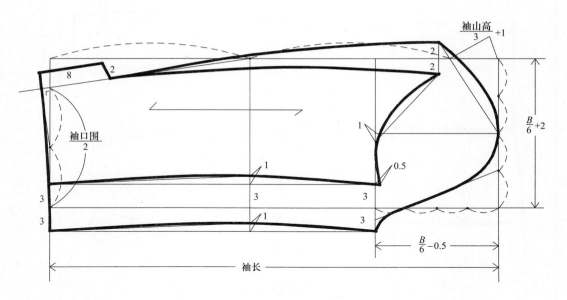

图4-29 女西装中间号型袖子结构制图

## 表4-26 女西装前衣片样板缩放值说明表

| 部位代码 | 部位名称 | 缩放值说明 |
|---|---|---|
| A | 肩端点 | 横轴取$\dfrac{胸围档差}{6}$约为0.7cm，纵轴取$\dfrac{肩宽档差}{2}$为0.5cm |
| B | 颈肩点 | 横轴取$\dfrac{胸围档差}{6}$约为0.7cm，纵轴取$\dfrac{领围档差}{5}$为0.2cm |
| C | 前颈窝点 | 单向放码点，横轴取$\dfrac{胸围档差}{6}-\dfrac{领围档差}{5}$为0.5cm |
| D | 领深点 | 横轴取颈肩点与前颈窝点档差的中间值为0.6cm，纵轴取$\dfrac{3领宽档差}{4}$为0.15cm |
| E | 前袖隆切点 | 横轴取$\dfrac{1}{4}\times\dfrac{胸围档差}{6}$约为0.2cm，纵轴取$\dfrac{胸围档差}{6}$约为0.7cm |
| F | 前胸围侧缝点 | 单向放码点，纵轴按比例取0.7cm |
| G | 前腰围侧缝点 | 横轴取腰节长档差$-\dfrac{胸围档差}{6}$为0.3cm，纵轴与前胸围侧缝点一致取0.7cm |
| H | 前中线腰围点 | 单向放码点，横轴与前腰围侧缝点一致取0.3cm |
| I | 前下摆侧缝点 | 横轴取衣长档差$-\dfrac{胸围档差}{6}$为1.3cm，纵轴与前胸围侧缝点一致取0.7cm |
| J | 前中线下摆点 | 单向放码点，横轴与前下摆侧缝点一致取1.3cm |
| K | 前腰省点 | 横轴与前腰围侧缝点一致取0.3cm，纵轴取$\dfrac{1}{2}\times\dfrac{胸围档差}{6}$约为0.35cm |
| L | 袋位点 | 根据位置和比例，横轴取0.5cm，纵轴取0.35cm |

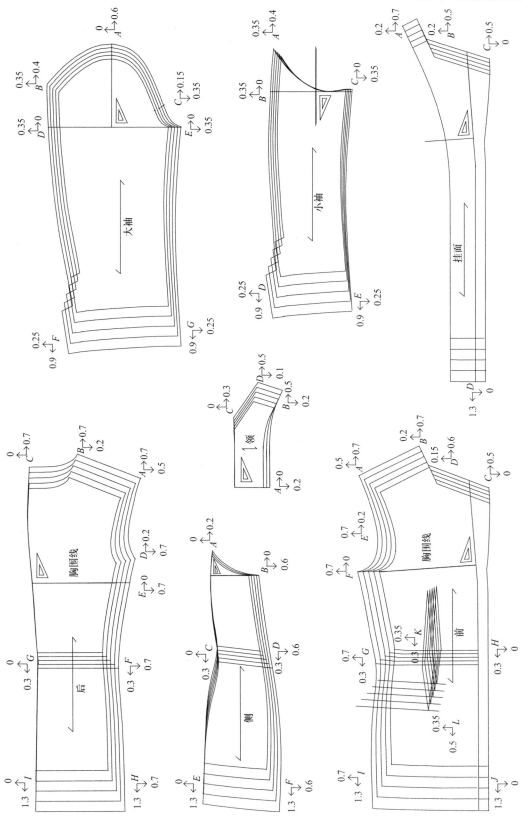

图4-30　女西装样板缩放图

**2. 女西装侧衣片样板缩放**

坐标选定：侧衣片以后侧缝线为横轴，胸围线为纵轴，各控制点缩放值见表4-27。

表4-27　女西装侧衣片样板缩放值说明表

| 部位代码 | 部位名称 | 缩放值说明 |
|---|---|---|
| A | 后袖窿起翘点 | 单向放码点，横轴取 $\frac{1}{4} \times \frac{胸围档差}{6}$ 约为0.2cm |
| B | 侧片袖窿缝点 | 单向放码点，纵轴按比例取0.6cm |
| C | 侧片后腰围点 | 单向放码点，横轴取腰节长档差 $-\frac{胸围档差}{6}$ 为0.3cm |
| D | 侧片前腰围点 | 横轴取腰节长档差 $-\frac{胸围档差}{6}$ 为0.3cm，纵轴按比例取0.6cm |
| E | 侧片后下摆点 | 单向放码点，横轴取衣长档差 $-\frac{胸围档差}{6}$ 为1.3cm |
| F | 侧片前下摆点 | 横轴取衣长档差 $-\frac{胸围档差}{6}$ 为1.3cm，纵轴按比例取0.6cm |

**3. 女西装后衣片样板缩放**

坐标选定：后衣片以后中线为横轴，胸围线为纵轴，各控制点缩放值见表4-28。

表4-28　女西装后衣片样板缩放值说明表

| 部位代码 | 部位名称 | 缩放值说明 |
|---|---|---|
| A | 肩端点 | 横轴取 $\frac{胸围档差}{6}$ 约为0.7cm，纵轴取 $\frac{肩宽档差}{2}$ 为0.5cm |
| B | 颈肩点 | 横轴取 $\frac{胸围档差}{6}$ 约为0.7cm，纵轴取 $\frac{领围档差}{5}$ 为0.2cm |
| C | 第七颈椎点 | 单向放码点，横轴取 $\frac{胸围档差}{6}$ 约为0.7cm |
| D | 后袖窿起翘切点 | 横轴取 $\frac{1}{4} \times \frac{胸围档差}{6}$ 约为0.2cm，纵轴取 $\frac{胸围档差}{6}$ 约为0.7cm |
| E | 后胸围侧缝点 | 单向放码点，纵轴按比例取0.7cm |
| F | 后腰围侧缝点 | 横轴取腰节长档差 $-\frac{胸围档差}{6}$ 为0.3cm，纵轴按比例取0.7cm |

续表

| 部位代码 | 部位名称 | 缩放值说明 |
|---|---|---|
| G | 后中线腰围点 | 单向放码点，横轴与后腰围侧缝点一致取0.3cm |
| H | 后下摆侧缝点 | 横轴取衣长档差 $-\dfrac{胸围档差}{6}$ 为1.3cm，纵轴按比例取0.7cm |
| I | 后中线下摆点 | 单向放码点，横轴与后下摆侧缝点一致取1.3cm |

### 4. 女西装前挂面样板缩放

挂面的缩放坐标以前中线为横轴，胸围线为纵轴，系列样板整体宽度不变，领窝部位及长度方向的缩放值参考前衣片。

### 5. 女西装领子样板缩放

领子的系列样板以后领中线为坐标，宽度方向的缩放值取0.2cm，长度方向的缩放值取 $\dfrac{领围档差}{2}$ 为0.5cm，各点依具体的位置和比例取相应的缩放值。

### 6. 女西装大袖样板缩放

坐标选定：大袖以袖中线为横轴，袖肥线为纵轴，各控制点缩放值见表4-29。

表4-29 女西装大袖样板缩放值说明表

| 部位代码 | 部位名称 | 缩放值说明 |
|---|---|---|
| A | 袖顶点 | 单向放码点，纵轴取袖窿深档差的 $\dfrac{5}{6}$ 约为0.6cm |
| B | 后袖山高点 | 纵轴取袖顶点档差的 $\dfrac{2}{3}$ 约为0.4cm，横轴取 $\dfrac{1}{2}\times\dfrac{胸围档差}{6}$ 约为0.35cm |
| C | 前袖山切点 | 横轴取 $\dfrac{袖顶点档差}{4}$ 约为0.15cm，纵轴 $\dfrac{1}{2}\times\dfrac{胸围档差}{6}$ 约为0.35cm |
| D | 后袖肥点 | 单向放码点，纵轴取 $\dfrac{1}{2}\times\dfrac{胸围档差}{6}$ 约为0.35cm |
| E | 前袖肥点 | 单向放码点，纵轴取 $\dfrac{1}{2}\times\dfrac{胸围档差}{6}$ 约为0.35cm |
| F | 后袖口点 | 横轴取袖长档差-袖顶点档差为0.9cm，纵轴取 $\dfrac{袖口围档差}{4}$ 为0.25cm |
| G | 前袖口点 | 横轴取袖长档差-袖顶点档差为0.9cm，纵轴取 $\dfrac{袖口围档差}{4}$ 为0.25cm |

### 7. 女西装小袖样板缩放

坐标选定：小袖以袖中线为横轴，袖肥线为纵轴，各控制点缩放值见表4-30。

表4-30 女西装小袖样板缩放值说明表

| 部位代码 | 部位名称 | 缩放值说明 |
|---|---|---|
| A | 后袖山高点 | 横轴取袖顶点档差 $\times \dfrac{2}{3}$ 约为0.4cm，纵轴取 $\dfrac{1}{2} \times \dfrac{胸围档差}{6}$ 约为0.35cm |
| B | 后袖肥点 | 单向放码点，纵轴取 $\dfrac{1}{2} \times \dfrac{胸围档差}{6}$ 约为0.35cm |
| C | 前袖肥点 | 单向放码点，纵轴取 $\dfrac{1}{2} \times \dfrac{胸围档差}{6}$ 约为0.35cm |
| D | 后袖口点 | 横轴取袖长档差-袖顶点档差为0.9cm，纵轴取 $\dfrac{袖口围档差}{4}$ 为0.25cm |
| E | 前袖口点 | 横轴取袖长档差-袖顶点档差为0.9cm，纵轴取 $\dfrac{袖口围档差}{4}$ 为0.25cm |

# 第八节 女大衣制板

## 一、款式描述

此款女大衣为四开身，双排扣，贴袋，开关领，两片袖，袖口装袖襻，适当收腰。整体风格优雅大方，如图4-31所示。

正面款式图                    背面款式图

图4-31 女大衣款式图

## 二、规格表（表4-31）

表4-31　女大衣成品尺寸表　　　　　　　　　单位：cm

| 尺寸部位 ＼ 号型 | 150/76A | 155/80A | 160/84A | 165/88A | 170/92A | 档差 |
|---|---|---|---|---|---|---|
| 衣　长 | 75 | 77.5 | 80 | 82.5 | 85 | 2.5 |
| 腰节长 | 38 | 39 | 40 | 41 | 42 | 1 |
| 胸　围 | 92 | 96 | 100 | 104 | 108 | 4 |
| 领　围 | 38 | 39 | 40 | 41 | 42 | 1 |
| 肩　宽 | 38 | 39 | 40 | 41 | 42 | 1 |
| 袖　长 | 53 | 54.5 | 56 | 57.5 | 59 | 1.5 |
| 袖口围 | 28 | 29 | 30 | 31 | 32 | 1 |

## 三、结构制图

### 1. 女大衣中间号型制图尺寸表

取中间号型为160/84A，制图尺寸见表4-32。

表4-32　女大衣中间号型制图尺寸表　　　　　　单位：cm

| 部位 | 衣长 | 腰节长 | 胸围 | 领围 | 肩宽 | 袖长 | 袖口围 |
|---|---|---|---|---|---|---|---|
| 成品尺寸 | 80 | 40 | 100 | 40 | 40 | 6 | 30 |
| 缝缩量 | 1.8 | 1 | 2 | 1 | 1 | 1.2 | 1 |
| 制图尺寸 | 81.8 | 41 | 102 | 41 | 41 | 57.2 | 31 |

### 2. 女大衣中间号型结构制图

女大衣中间号型衣片及挂面、领子、袖子结构制图如图4-32～图4-35所示。

## 四、样板缩放（图4-36）

### 1. 女大衣前衣片样板缩放

坐标选定：前衣片以前中线为横向坐标轴，胸围线为纵向坐标轴，各控制点缩放值见表4-33。

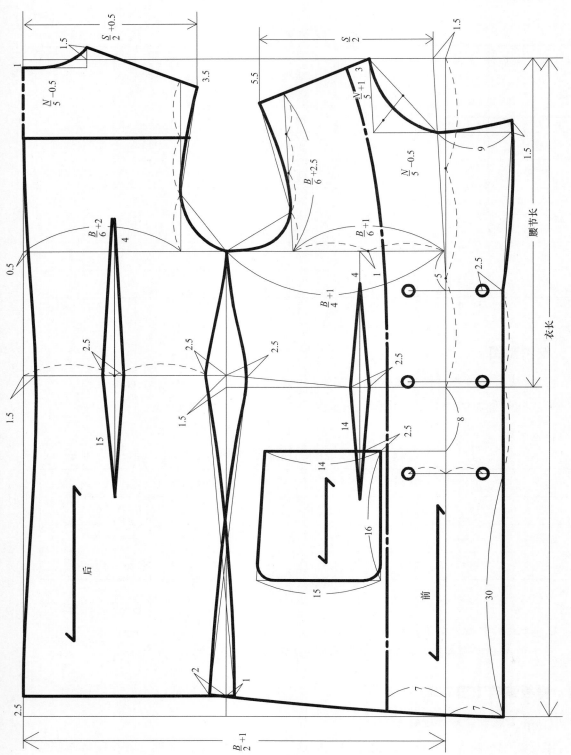

图4-32 女大衣中间号型衣片结构制图

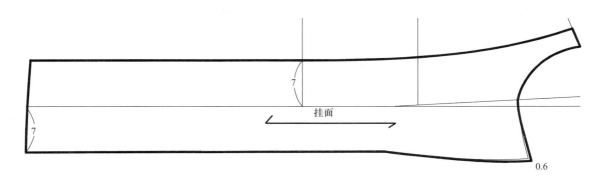

图4-33　女大衣中间号型挂面结构制图

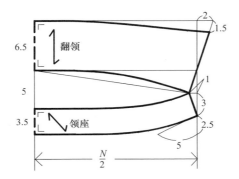

图4-34　女大衣中间号型领子结构制图

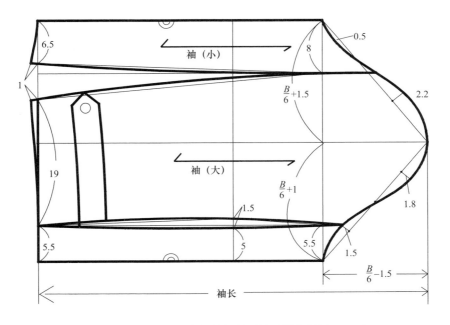

图4-35　女大衣中间号型袖子结构制图

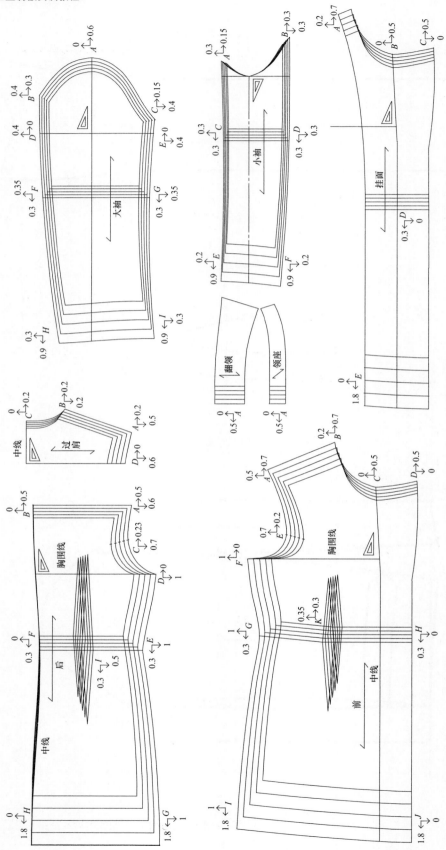

图4-36 女大衣样板缩放图

表4-33　女大衣前衣片样板缩放值说明表

| 部位代码 | 部位名称 | 缩放值说明 |
|---|---|---|
| $A$ | 肩端点 | 横轴取$\dfrac{胸围档差}{6}$约为0.7cm，纵轴取$\dfrac{肩宽档差}{2}$为0.5cm |
| $B$ | 颈肩点 | 横轴取$\dfrac{胸围档差}{6}$约为0.7cm，纵轴取$\dfrac{领围档差}{5}$为0.2cm |
| $C$ | 前颈窝点 | 单向放码点，横轴取$\dfrac{胸围档差}{6} - \dfrac{领围档差}{5}$约为0.5cm |
| $D$ | 前门襟领窝点 | 单向放码点，横轴取$\dfrac{胸围档差}{6} - \dfrac{领围档差}{5}$约为0.5cm |
| $E$ | 前袖窿切点 | 横轴取$\dfrac{1}{4} \times \dfrac{胸围档差}{6}$约为0.2cm，纵轴取$\dfrac{胸围档差}{6}$约为0.7cm |
| $F$ | 前胸围侧缝点 | 单向放码点，纵轴取$\dfrac{胸围档差}{4}$为1cm |
| $G$ | 前腰围侧缝点 | 横轴取腰节长档差$-\dfrac{胸围档差}{6}$为0.3cm，纵轴与前胸围侧缝点一致取1cm |
| $H$ | 前门襟腰围点 | 单向放码点，横轴与前腰围侧缝点一致取0.3cm |
| $I$ | 前下摆侧缝点 | 横轴取衣长档差$-\dfrac{胸围档差}{6}$为1.8cm，纵轴与前胸围侧缝点一致取1cm |
| $J$ | 前下摆门襟点 | 单向放码点，横轴与前下摆侧缝点一致取1.8cm |
| $K$ | 前腰省点 | 横轴与前腰围侧缝点一致取0.3cm，纵轴取$\dfrac{1}{2} \times \dfrac{胸围档差}{6}$约为0.35cm |

**2. 女大衣后衣片样板缩放**

坐标选定：后衣片以后中心线为横轴，胸围线为纵轴，各控制点缩放值见表4-34。

表4-34　女大衣后衣片样板缩放值说明表

| 部位代码 | 部位名称 | 缩放值说明 |
|---|---|---|
| $A$ | 袖窿上端点 | 横轴取$\dfrac{2}{3} \times \dfrac{胸围档差}{6}$约为0.5cm，纵轴取$\dfrac{肩宽档差}{2}$与$\dfrac{胸围档差}{6}$的中间值约为0.6cm |
| $B$ | 后中心线上端点 | 单向放码点，横轴取$\dfrac{2}{3} \times \dfrac{胸围档差}{6}$约为0.5cm |
| $C$ | 后袖窿切点 | 横轴取$\dfrac{1}{3} \times \dfrac{胸围档差}{6}$约为0.23cm，纵轴取$\dfrac{胸围档差}{6}$约为0.7cm |
| $D$ | 后胸围侧缝点 | 单向放码点，纵轴取$\dfrac{胸围档差}{4}$为1cm |
| $E$ | 后腰围侧缝点 | 横轴取腰节长档差$-\dfrac{胸围档差}{6}$为0.3cm，纵轴与后胸围侧缝点一致取1cm |

| 部位代码 | 部位名称 | 缩放值说明 |
|---|---|---|
| *F* | 后中心腰围点 | 单向放码点，横轴与后侧缝腰围点一致取0.3cm |
| *G* | 后下摆侧缝点 | 横轴取衣长档差 $-\dfrac{胸围档差}{6}$ 为1.8cm，纵轴与后侧缝胸围点一致取1cm |
| *H* | 后中心下摆点 | 单向放码点，横轴与后下摆侧缝点一致取1.8cm |
| *I* | 后腰省点 | 横轴与后腰围侧缝点一致取0.3cm，纵轴取 $\dfrac{1}{2}\times\dfrac{腰围档差}{4}$ 为0.5cm |

### 3. 女大衣过肩样板缩放

坐标选定：过肩以后中线为横轴，后背分割线线为纵轴，各控制点缩放值见表4–35。

表4–35　女大衣过肩样板缩放值说明表

| 部位代码 | 部位名称 | 缩放值说明 |
|---|---|---|
| *A* | 肩端点 | 横轴取 $\dfrac{胸围档差}{6}$ － 袖窿上端点档差约为0.2cm，纵轴取 $\dfrac{肩宽档差}{2}$ 为0.5cm |
| *B* | 颈肩点 | 横轴取 $\dfrac{胸围档差}{6}$ － 后中线上端点档差，约为0.2cm，纵轴取 $\dfrac{领围档差}{5}$ 为0.2cm |
| *C* | 第七颈椎点 | 单向放码点，横轴取 $\dfrac{胸围档差}{6}$ － 后中线上端点档差，为0.2cm |
| *D* | 袖窿下端点 | 单向放码点，纵轴取 $\dfrac{肩宽档差}{2}$ 与 $\dfrac{胸围档差}{6}$ 的中间值为0.6cm |

### 4. 女大衣前挂面样板缩放

挂面的缩放坐标以前中线为横轴，胸围线为纵轴，系列样板整体宽度不变，领窝部位及长度方向的缩放值参考前衣片。

### 5. 女大衣领子样板缩放

领子的翻领与领座的系列样板都以后领中线为坐标，保持宽度不变，长度方向的缩放值取 $\dfrac{领围档差}{2}$ 为0.5cm。

### 6. 女大衣大袖样板缩放

坐标选定：大袖以袖中线为横轴，袖肥线为纵轴，各控制点缩放值见表4-36。

表4-36 女大衣大袖样板缩放值说明表

| 部位代码 | 部位名称 | 缩放值说明 |
|---|---|---|
| $A$ | 袖顶点 | 单向放码点，横轴取袖窿深档差$\times\dfrac{5}{6}$约为0.6cm |
| $B$ | 后袖山分割点 | 横轴取$\dfrac{袖顶点档差}{2}$约为0.3cm，纵轴按比例取$\dfrac{3}{5}\times\dfrac{胸围档差}{6}$约为0.4cm |
| $C$ | 前袖山分割点 | 横轴取$\dfrac{袖顶点档差}{4}$约为0.15cm，纵轴取$\dfrac{3}{5}\times\dfrac{胸围档差}{6}$约为0.4cm |
| $D$ | 后袖肥点 | 单向放码点，纵轴取$\dfrac{3}{5}\times\dfrac{胸围档差}{6}$约为0.4cm |
| $E$ | 前袖肥点 | 单向放码点，纵轴取$\dfrac{3}{5}\times\dfrac{胸围档差}{6}$约为0.4cm |
| $F$ | 后袖肘点 | 横轴按袖肘线位置取0.3cm，纵轴按袖肘围比例取0.35cm |
| $G$ | 前袖肘点 | 横轴按袖肘线位置取0.3cm，纵轴按袖肘围比例取0.35cm |
| $H$ | 后袖口点 | 横轴按所占袖口围比例取0.3cm，纵轴取袖长档差-袖顶点档差为0.9cm |
| $I$ | 前袖口点 | 横轴按所占袖口围比例取0.3cm，纵轴取袖长档差-袖顶点档差为0.9cm |

### 7. 女大衣小袖样板缩放

坐标选定：小袖以袖中线为横轴，袖肥线为纵轴，各控制点缩放值见表4-37。

表4-37 女大衣小袖样板缩放值说明表

| 部位代码 | 部位名称 | 缩放值说明 |
|---|---|---|
| $A$ | 后袖山分割点 | 横轴取$\dfrac{袖顶点档差}{4}$约为0.15cm，纵轴取$\dfrac{2}{5}\times\dfrac{胸围档差}{6}$约为0.3cm |
| $B$ | 前袖山分割点 | 横轴取$\dfrac{袖顶点档差}{2}$约为0.3cm，纵轴按比例取$\dfrac{2}{5}\times\dfrac{胸围档差}{6}$约为0.3cm |
| $C$ | 前袖肘点 | 横轴按袖肘围比例取0.3cm，纵轴按袖肘线位置取0.3cm |
| $D$ | 后袖肘点 | 横轴按袖肘围比例取0.3cm，纵轴按袖肘线位置取0.3cm |

续表

| 部位代码 | 部位名称 | 缩放值说明 |
|---|---|---|
| E | 前袖口点 | 横轴袖长档差−袖顶点档差为0.9cm，纵轴取按所占袖口围比例取0.2cm |
| F | 后袖口点 | 横轴袖长差−袖顶点档差为0.9cm，纵轴取按所占袖口围比例取0.2cm |

# 第九节　女旗袍制板

## 一、款式描述

此款旗袍为短袖，右斜襟，中式盘扣，收腰，收后肩省，侧开衩，衣长至小腿。整体风格古典、优雅，极富东方神韵，如图4-37所示。

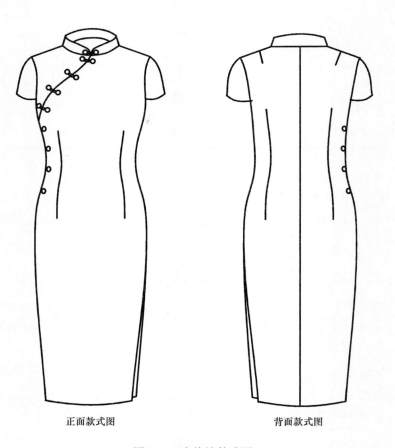

正面款式图　　　　　　　　背面款式图

图4-37　女旗袍款式图

## 二、规格表（表4-38）

表4-38　女旗袍成品尺寸表　　　　　　　　单位：cm

| 尺寸<br>部位 | 150/76A | 155/80A | 160/84A | 165/88A | 170/92A | 档差 |
|---|---|---|---|---|---|---|
| 衣　长 | 108 | 112 | 116 | 120 | 124 | 4 |
| 腰节长 | 37 | 38 | 39 | 40 | 41 | 1 |
| 胸　围 | 84 | 88 | 92 | 96 | 100 | 4 |
| 腰　围 | 64 | 68 | 72 | 76 | 80 | 4 |
| 臀　围 | 86 | 90 | 94 | 98 | 102 | 4 |
| 领　围 | 34 | 35 | 36 | 37 | 38 | 1 |
| 肩　宽 | 38 | 39 | 40 | 41 | 42 | 1 |
| 袖　长 | 18.4 | 19.2 | 20 | 20.8 | 21.6 | 0.8 |
| 袖口围 | 30.6 | 31.8 | 33 | 34. 2 | 35.4 | 1.2 |

## 三、结构制图

### 1．女旗袍中间号型制图尺寸表

取中间号型为160/84A，制图尺寸见表4-39。

表4-39　女旗袍中间号型制图尺寸表　　　　　　　　单位：cm

| 部位 | 衣长 | 腰节长 | 胸围 | 腰围 | 臀围 | 领围 | 肩宽 | 袖长 | 袖口围 |
|---|---|---|---|---|---|---|---|---|---|
| 成品尺寸 | 116 | 39 | 92 | 72 | 94 | 36 | 40 | 20 | 33 |
| 缝缩量 | 2.5 | 1 | 2 | 1.5 | 2 | 1 | 1 | 0.5 | 1 |
| 制图尺寸 | 118.5 | 40 | 94 | 73.5 | 96 | 37 | 41 | 20.5 | 34 |

### 2．女旗袍中间号型结构制图

女旗袍中间号型衣片、领子、袖子结构制图，如图4-38～图4-40所示。

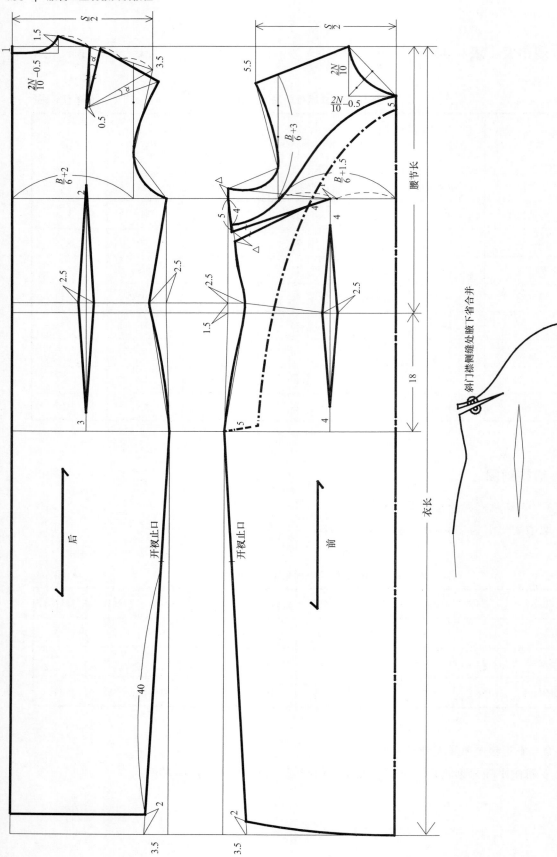

图4-38 女旗袍中间号型衣片结构制图

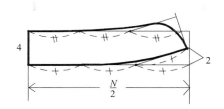

图4-39　女旗袍中间号型领子结构制图

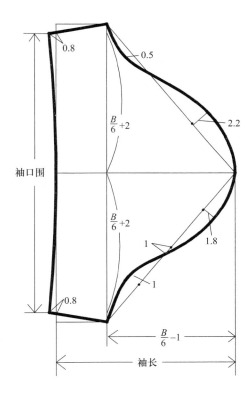

图4-40　女旗袍中间号型袖子结构制图

## 四、样板缩放（图4-41）

### 1. 女旗袍前衣片样板缩放

坐标选定：前衣片以前中线为横轴，胸围线为纵轴，各控制点缩放值见表4-40。

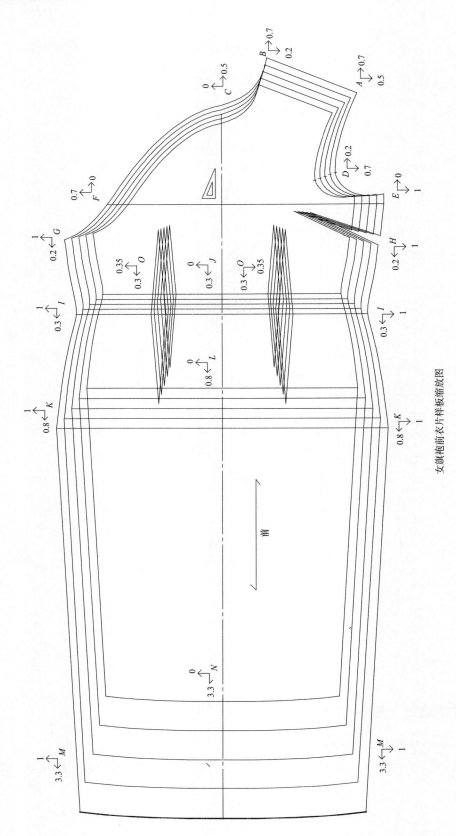

女旗袍前衣片样板缩放图

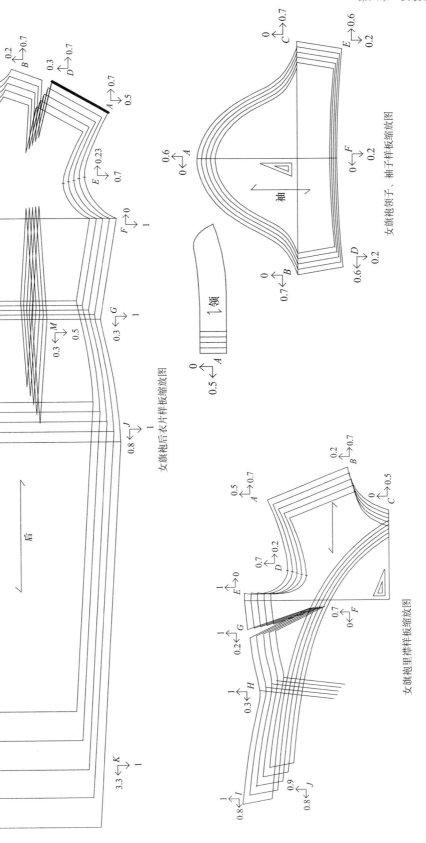

女旗袍后衣片样板缩放图

女旗袍领子、袖子样板缩放图

女旗袍里襟样板缩放图

图4—41 女旗袍样板缩放图

表4-40　女旗袍前衣片样板缩放值说明表

| 部位代码 | 部位名称 | 缩放值说明 |
|---|---|---|
| A | 肩端点 | 横轴取 $\dfrac{胸围档差}{6}$ 约0.7cm，纵轴取 $\dfrac{肩宽档差}{2}$ 为0.5cm |
| B | 颈肩点 | 横轴取 $\dfrac{胸围档差}{6}$ 约0.7cm，纵轴取 $\dfrac{领围档差}{5}$ 为0.2cm |
| C | 前颈窝点 | 单向放码点，横轴取 $\dfrac{胸围档差}{6}-\dfrac{领围档差}{5}$ 为0.5cm |
| D | 前袖窿切点 | 横轴取 $\dfrac{1}{4}\times\dfrac{胸围档差}{6}$ 约为0.2cm，纵轴取 $\dfrac{胸围档差}{6}$ 约0.7cm |
| E | 前胸围侧缝点 | 单向放码点，纵轴取 $\dfrac{胸围档差}{4}$ 为1cm |
| F | 右斜襟胸围点 | 单向放码点，纵轴按位置比例取 $\dfrac{胸围档差}{6}$ 约为0.7cm |
| G | 右侧缝上端点 | 横轴按位置取0.2cm，纵轴取 $\dfrac{胸围档差}{4}$ 为1cm |
| H | 左侧缝腋下省点 | 横轴按位置取0.2cm，纵轴取 $\dfrac{胸围档差}{4}$ 为1cm |
| I | 前腰围侧缝点 | 横轴取腰节长档差 $-\dfrac{胸围档差}{6}$ 为0.3cm，纵轴与前胸围侧缝点档差一致取1cm |
| J | 前腰围中心点 | 单向放码点，横轴与前腰围侧缝点一致取0.3cm |
| K | 前臀围侧缝点 | 横轴取前腰围侧缝点档差+腰臀长档差为0.8cm，纵轴与前胸围侧缝点档差一致取1cm |
| L | 前臀围中心点 | 单向放码点，横轴取前腰围侧缝点档差+腰臀长档差为0.8cm |
| M | 前下摆侧缝点 | 横轴取衣长档差 $-\dfrac{胸围档差}{6}$ 为3.3cm，纵轴与前胸围侧缝点一致取1cm |
| N | 前下摆中心点 | 单向放码点，横轴与前下摆侧缝点一致取3.3cm |
| O | 前腰省点 | 横轴与前腰围侧缝点一致取0.3cm，纵轴取 $\dfrac{1}{2}\times\dfrac{胸围档差}{6}$ 约为0.35cm |

## 2. 女旗袍后衣片样板缩放

坐标选定：后衣片以后中心线为横轴，胸围线为纵轴，各控制点缩放值见表4-41。

表4-41　女旗袍后衣片样板缩放值说明表

| 部位代码 | 部位名称 | 缩放值说明 |
|---|---|---|
| A | 肩端点 | 横轴取 $\dfrac{胸围档差}{6}$ 约为0.7cm，纵轴取 $\dfrac{肩宽档差}{2}$ 为0.5cm |
| B | 颈肩点 | 横轴取 $\dfrac{胸围档差}{6}$ 约为0.7cm，纵轴取 $\dfrac{领围档差}{5}$ 为0.2cm |
| C | 第七颈椎点 | 单向放码点，横轴取 $\dfrac{胸围档差}{6}$ 约为0.7cm |

| 部位代码 | 部位名称 | 缩放值说明 |
|---|---|---|
| D | 后肩省点 | 横轴取$\dfrac{\text{胸围档差}}{6}$约为0.7cm，纵轴按位置比例取0.3cm |
| E | 后袖窿切点 | 横轴取$\dfrac{1}{3}\times\dfrac{\text{胸围档差}}{6}$约为0.23cm，纵轴取$\dfrac{\text{胸围档差}}{6}$约为0.7cm |
| F | 后胸围侧缝点 | 单向放码点，纵轴取$\dfrac{\text{胸围档差}}{4}$为1cm |
| G | 后腰围侧缝点 | 横轴取腰节长档差$-\dfrac{\text{胸围档差}}{6}$为0.3cm，纵轴与后胸围侧缝点一致取1cm |
| H | 后腰围中心点 | 单向放码点，横轴与缝腰后侧围点一致取0.3cm |
| I | 后臀围中心点 | 单向放码点，横轴取后臀围侧缝点档差+腰臀长档差为0.8cm |
| J | 后臀围侧缝点 | 横轴取前腰围侧缝点档差+腰臀长档差为0.8cm，纵轴与后胸围侧缝点档差一致取1cm |
| K | 后侧缝下摆点 | 横轴取衣长档差$-\dfrac{\text{胸围档差}}{6}$为3.3cm，纵轴与后胸围侧缝点一致为1cm |
| L | 后中心下摆点 | 单向放码点，横轴与后侧缝下摆点一致取3.3cm |
| M | 后腰省点 | 横轴与后腰围侧缝点一致取0.3cm，纵轴取$\dfrac{1}{2}\times\dfrac{\text{腰围档差}}{4}$为0.5cm |

### 3. 女旗袍里襟样板缩放

坐标选定：里襟以前中线为横轴，胸围线为纵轴，各控制点缩放值见表4-42。

**表4-42 女旗袍里襟样板缩放值说明表**

| 部位代码 | 部位名称 | 缩放值说明 |
|---|---|---|
| A | 肩端点 | 横轴取$\dfrac{\text{胸围档差}}{6}$约为0.7cm，纵轴取$\dfrac{\text{肩宽档差}}{2}$为0.5cm |
| B | 颈肩点 | 横轴取$\dfrac{\text{胸围档差}}{6}$约为0.7cm，纵轴取$\dfrac{\text{领围档差}}{5}$为0.2cm |
| C | 前颈窝点 | 单向放码点，横轴取$\dfrac{\text{胸围档差}}{6}-\dfrac{\text{领围档差}}{5}$为0.5cm |
| D | 前袖窿切点 | 横轴取$\dfrac{1}{4}\times\dfrac{\text{胸围档差}}{6}$约为0.2cm，纵轴取$\dfrac{\text{胸围档差}}{6}$约为0.7cm |
| E | 前胸围侧缝点 | 单向放码点，纵轴取$\dfrac{\text{胸围档差}}{4}$为1cm |
| F | 里襟线胸围点 | 单向放码点，纵轴按位置比例取$\dfrac{\text{胸围档差}}{6}$约为0.7cm |
| G | 里襟腋下省点 | 横轴按位置取0.2cm，纵轴取$\dfrac{\text{胸围档差}}{4}$为1cm |

续表

| 部位代码 | 部位名称 | 缩放值说明 |
|---|---|---|
| $H$ | 里襟腰围侧缝点 | 横轴取腰节长档差$-\dfrac{胸围档差}{6}$为0.3cm，纵轴与前胸围侧缝点档差一致取1cm |
| $I$ | 里襟臀围侧缝点 | 横轴取前腰围侧缝点档差+腰臀长档差为0.8cm，纵轴与前腰围侧缝点档差一致取1cm |
| $J$ | 里襟线臀围点 | 横轴取前腰围侧缝点档差+腰臀长档差为0.8cm，纵轴按位置取0.9cm |

**4. 女旗袍领子样板缩放**

领子的系列样板以后领中线为坐标，保持宽度不变，长度方向的缩放值取$\dfrac{领围档差}{2}$为0.5cm。

**5. 女旗袍袖子样板缩放**

坐标选定：袖子以袖山线为横轴，袖中线为纵轴，各控制点缩放值见表4-43。

表4-43 女旗袍袖子样板缩放值说明表

| 部位代码 | 部位名称 | 缩放值说明 |
|---|---|---|
| $A$ | 袖顶点 | 单向放码点，纵轴取袖窿深档差$\times\dfrac{5}{6}$约为0.6cm |
| $B$ | 后袖肥点 | 单向放码点，横轴取$\dfrac{胸围档差}{6}$约为0.7cm |
| $C$ | 前袖肥点 | 单向放码点，横轴取$\dfrac{胸围档差}{6}$约为0.7cm |
| $D$ | 后袖口点 | 横轴取$\dfrac{1}{2}\times$袖口围档差为0.6cm，纵轴取袖长档差$-$袖顶点档差为0.2cm |
| $E$ | 前袖口点 | 横轴取$\dfrac{1}{2}\times$袖口围档差为0.6cm，纵轴取袖长档差$-$袖顶点档差为0.2cm |
| $F$ | 袖口中点 | 单向放码点，纵轴取袖长档差$-$袖顶点档差为0.2cm |

## 本章小结

1. 各类女裙的制板，包括规格设置、结构图绘制、档差设定及各裙片的推档放缩。

2. 各类女裤的制板，包括规格设置、结构图绘制、档差设定及各裙片的推档放缩。

3. 各类女上衣的制板，包括规格设置、结构图绘制、档差设定及各裙片的推档放缩。

4. 各类女连身装的制板，包括规格设置、结构图绘制、档差设定及各裙片的推档放缩。

## 练习题

1．完成一款女裙1：1或1：5的制板。

2．完成一款女裤1：1的制板。

3．完成一款女上衣1：1的制板。

4．完成一款女旗袍1：1或1：5的制板。

## 男装制板实训

**课题名称：** 男装制板实训

**课题内容：** 1. 男西裤制板

2. 男牛仔裤制板

3. 男衬衫制板

4. 男夹克制板

5. 男西装制板

6. 男大衣制板

**课题时间：** 36课时

**教学目的：** 掌握各男装款式制板中的规格制定、结构制图、档差设置及各衣片推档。

**教学重点：** 各款式男装制板中的规格制定、结构制图、档差设置及推档。

**教学要求：** 1. 用服装实物给学生讲解各部位的结构特征。

2. 每款服装完成制板讲解与演示后，让学生整理笔记，并完成1：5或1：1的制板实训。

# 第五章 男装制板实训

## 第一节 男西裤制板

### 一、款式描述

男西裤，前片斜插袋，后片双开线袋，为经典款式，如图5-1所示。

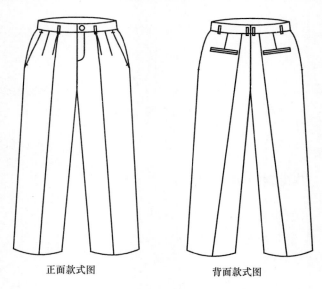

正面款式图　　　　　　　背面款式图

图5-1　男西裤款式图

### 二、规格表（表5-1）

表5-1　男西裤成品尺寸表　　　　　　　　　单位：cm

| 尺寸 \ 号型 \ 部位 | 160/70A | 165/72A | 170/74A | 175/76A | 180/78A | 档差 |
|---|---|---|---|---|---|---|
| 裤　长 | 97 | 100 | 103 | 106 | 109 | 3 |
| 腰　围 | 72 | 74 | 76 | 78 | 80 | 2 |
| 臀　围 | 98 | 100 | 102① | 104 | 106 | 2 |
| 上裆长 | 28 | 28.5 | 29 | 29.5 | 30 | 0.5 |
| 裤口围 | 44 | 45 | 46 | 47 | 48 | 1 |

①净臀围90cm+加放量12cm=102cm。

## 三、结构制图

### 1. 中间号型制图尺寸表

取中间号型为170/74A，制图尺寸见表5-2。

表5-2 男西裤中间号型制图尺寸表　　　　　　　　　　单位：cm

| 部位 | 裤长 | 腰围（$W$） | 臀围（$H$） | 裤口宽 |
|---|---|---|---|---|
| 成品尺寸 | 103 | 76 | 102 | 23 |
| 缝缩量 | 2 | 1.5 | 2 | 0.5 |
| 制图尺寸 | 105 | 77.5 | 104 | 23.5 |

### 2. 男西裤中间号型结构制图

男西裤中间号型裤片、零部件结构制图，如图5-2、图5-3所示。

## 四、样板缩放（图5-4）

### 1. 男西裤前裤片样板缩放

坐标选定：前裤片以烫迹线为横轴，横裆线为纵轴，各控制点缩放值见表5-3。

表5-3 男西裤前裤片样板缩放值说明表

| 部位代码 | 部位名称 | 缩放值说明 |
|---|---|---|
| A | 前腰点 | 横轴取 $\dfrac{臀围档差}{4}$ 为0.5cm，纵轴取 $\dfrac{2}{5} \times \dfrac{腰围档差}{4}$ 为0.2cm |
| B | 侧腰点 | 横轴取 $\dfrac{臀围档差}{4}$ 为0.5cm，纵轴取 $\dfrac{3}{5} \times \dfrac{腰围档差}{4}$ 为0.3cm |
| C | 腰省点 | 横轴取 $\dfrac{臀围档差}{4}$ 为0.5cm，纵轴按位置比例取 0.15cm |
| D | 前臀围点 | 横轴取 $\dfrac{上裆长档差}{3}$ 约为0.2cm，纵轴取 $\dfrac{2}{5} \times \dfrac{臀围档差}{4}$ 为0.2cm |
| E | 侧臀围点 | 横轴取 $\dfrac{上裆长档差}{3}$ 约为0.2cm，纵轴取 $\dfrac{3}{5} \times \dfrac{臀围档差}{4}$ 为0.3cm |
| F | 前横裆点 | 单向放码点，纵轴取 $\dfrac{2}{5} \times \dfrac{臀围档差}{4} + \dfrac{臀围档差}{20}$ 为0.3cm |
| G | 侧横裆点 | 单向放码点，纵轴取 $\dfrac{3}{5} \times \dfrac{臀围档差}{4}$ 为0.3cm |
| H | 前膝围点 | 横轴取 $\dfrac{裤长档差 - 上裆长档差}{2}$ 为1.25cm，纵轴取 $\dfrac{前横裆点档差 + 前裤口点档差}{2}$ 约为0.25cm |

| 部位代码 | 部位名称 | 缩放值说明 |
|---|---|---|
| I | 侧膝围点 | 横轴取 $\dfrac{裤长档差 - 上裆长档差}{2}$ 为1.25cm，纵轴取 $\dfrac{侧横裆点档差 + 侧裤口点档差}{2}$ 约为 0.25cm |
| J | 前裤口点 | 横轴取裤长档差 − 上裆长档差为 2.5cm，纵轴取 $\dfrac{裤口围档差}{4}$ 为 0.25cm |
| K | 侧裤口点 | 横轴取裤长档差 − 上裆长档差为 2.5cm，纵轴取 $\dfrac{裤口围档差}{4}$ 为 0.25cm |

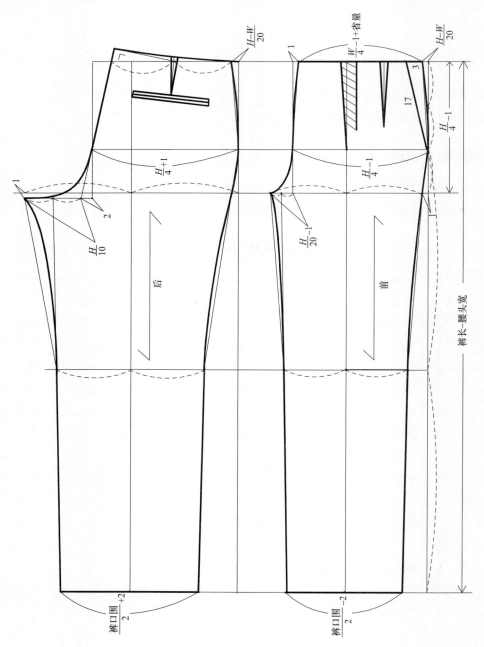

图5-2 男西裤中间号型裤片结构制图

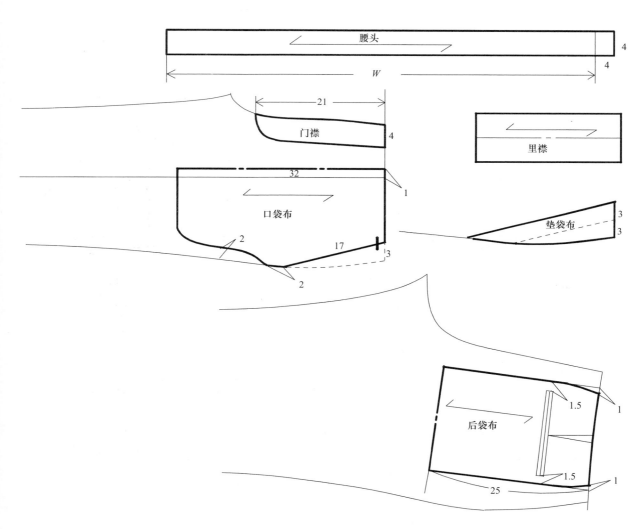

图5-3 男西裤中间号型零部件结构制图

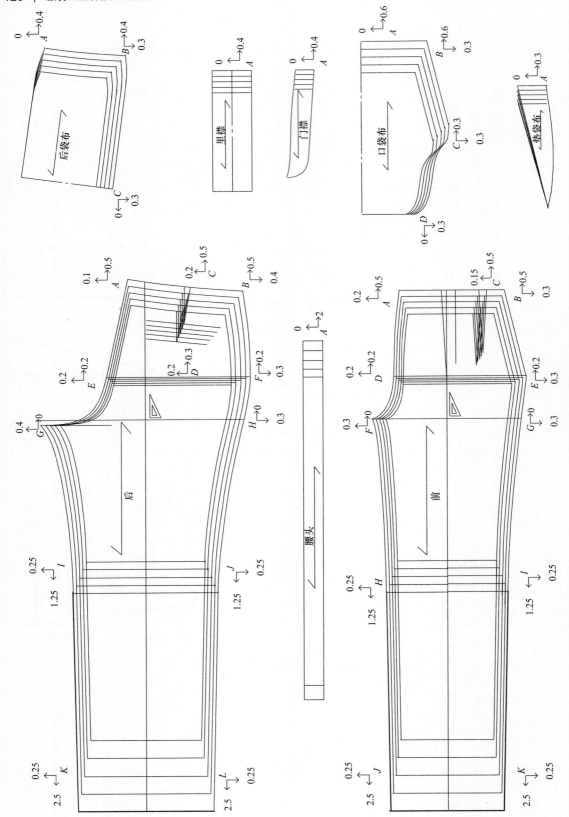

图5-4 男西裤样板缩放图

## 2. 男西裤后裤片样板缩放

坐标选定：后裤片以烫迹线为横轴，横裆线为纵轴，各控制点缩放值见表5-4。

表5-4　男西裤后裤片样板缩放值说明表

| 部位代码 | 部位名称 | 缩放值说明 |
|:---:|:---:|:---|
| A | 后腰点 | 横轴取 $\dfrac{臀围档差}{4}$ 为0.5cm，纵轴取 $\dfrac{1}{5} \times \dfrac{腰围档差}{4}$ 为0.1cm |
| B | 侧腰点 | 横轴取 $\dfrac{臀围档差}{4}$ 为0.5cm，纵轴取 $\dfrac{4}{5} \times \dfrac{腰围档差}{4}$ 为0.4cm |
| C | 后腰省点 | 横轴取 $\dfrac{臀围档差}{4}$ 为0.5cm，纵轴取 $\dfrac{侧腰点档差}{2}$ 为0.2cm |
| D | 后袋位中心点 | 横轴取 $\dfrac{3}{5} \times \dfrac{臀围档差}{4}$ 为0.3cm，纵轴取 $\dfrac{侧腰点档差}{2}$ 为0.2cm |
| E | 后臀围点 | 横轴取 $\dfrac{上裆长档差}{3}$ 约为0.2cm，纵轴取 $\dfrac{2}{5} \times \dfrac{臀围档差}{4}$ 为0.2cm |
| F | 侧臀围点 | 横轴取 $\dfrac{上裆长档差}{3}$ 约为0.2cm，纵轴取 $\dfrac{3}{5} \times \dfrac{臀围档差}{4}$ 为0.3cm |
| G | 后横裆点 | 单向放码点，纵轴取 $\dfrac{2}{5} \times \dfrac{臀围档差}{4} + \dfrac{臀围档差}{10}$ 为0.4cm |
| H | 侧横裆点 | 单向放码点，纵轴取 $\dfrac{3}{5} \times \dfrac{臀围档差}{4}$ 为0.3cm |
| I | 后膝围点 | 横轴取 $\dfrac{裤长档差 - 上裆长档差}{2}$ 为1.25cm，纵轴取 $\dfrac{前横裆点档差 + 前裤口点档差}{2}$ 约为0.25cm |
| J | 侧膝围点 | 横轴取 $\dfrac{裤长档差 - 上裆长档差}{2}$ 为1.25cm，纵轴取 $\dfrac{侧横裆点档差 + 侧裤口点档差}{2}$ 约为0.25cm |
| K | 后裤口点 | 横轴取裤长档差 - 上裆长档差为2.5cm，纵轴取 $\dfrac{裤口围档差}{4}$ 为0.25cm |
| L | 侧裤口点 | 横轴取裤长档差 - 上裆长档差为2.5cm，纵轴取 $\dfrac{裤口围档差}{4}$ 为0.25cm |

## 3. 男西裤零部件样板缩放

腰头样板缩放时，宽度保持不变，长度依腰头分段情况而定。当腰头不分段时，档差为2cm；当腰头在后中线分段时，左右腰头档差分别为1cm；当腰头在腰两侧分段时，则后片腰头档差为1cm，左右前片腰头档差各0.5cm。总之，腰头档差之和应等于腰围总档差。

裤门襟、里襟保持宽度不变，长度依缝合的裤片尺寸比例缩放0.4cm。

袋里布长度缩放0.6cm，宽度缩放0.3cm。垫袋布宽度不变，长度缩放0.3cm。

后袋里布长度缩放0.4cm，宽度缩放0.3cm。

# 第二节　男牛仔裤制板

## 一、款式描述

　　前片插袋，后片贴袋，前片腰省转移到侧缝及插袋中，后片腰省转移到侧缝及后腰翘分割线中，如图5-5所示。

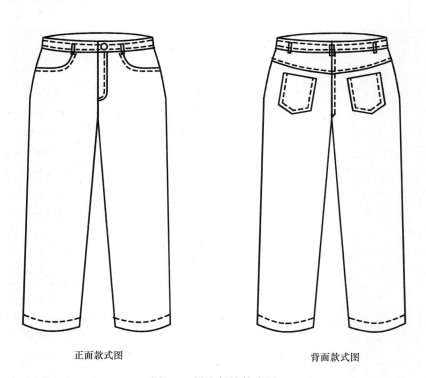

正面款式图　　　　　　　　　　　背面款式图

图5-5　男牛仔裤款式图

## 二、规格表（表5-5）

表5-5　男牛仔裤成品尺寸表　　　　　　　单位：cm

| 尺寸部位 \ 号型 | 160/70A | 165/72A | 170/74A | 175/76A | 180/78A | 档差 |
|---|---|---|---|---|---|---|
| 裤 长 | 98 | 101 | 104 | 107 | 110 | 3 |
| 腰围（稍低腰） | 76 | 78 | 80 | 82 | 84 | 2 |
| 臀 围 | 96 | 98 | 100 | 102 | 104 | 2 |
| 上裆长 | 24 | 24.5 | 25 | 25.5 | 26 | 0.5 |
| 裤口围 | 42 | 43 | 44 | 45 | 46 | 1 |

## 三、结构制图

### 1. 中间号型制图尺寸表

取中间号型为170/74A，制图尺寸见表5-6。

表5-6　男牛仔裤中间号型制图尺寸表　　　　　　　　单位：cm

| 部位 | 裤长 | 腰围（$W$） | 臀围（$H$） | 裤口围 |
|---|---|---|---|---|
| 成品尺寸 | 104 | 80 | 100 | 44 |
| 缝缩量 | 2 | 1.5 | 2 | 1 |
| 制图尺寸 | 106 | 81.5 | 102 | 45 |

### 2. 男牛仔裤中间号型裤片结构制图

男牛仔裤中间号型裤片、零部件结构制图如图5-6、图5-7所示。

## 四、样板缩放（图5-8）

### 1. 男牛仔裤前裤片样板缩放

坐标选定：前裤片以裤中线为横轴，横裆线为纵轴，各控制点缩放值见表5-7。

表5-7　男牛仔裤前裤片样板缩放值说明表

| 部位代码 | 部位名称 | 缩放值说明 |
|---|---|---|
| $A$ | 前腰中点 | 横轴取$\dfrac{臀围档差}{4}$为0.5cm，纵轴取$\dfrac{2}{5} \times \dfrac{腰围档差}{4}$为0.2cm |
| $B$ | 袋口侧边点 | 横轴取$\dfrac{臀围档差}{4}$约为0.5cm，纵轴取$\dfrac{3}{5} \times \dfrac{腰围档差}{4}$为0.3cm |
| $C$ | 袋口上边点 | 单向放码点，横轴取$\dfrac{臀围档差}{4}$为0.5cm |
| $D$ | 前臀围点 | 横轴取$\dfrac{上裆长档差}{3}$约为0.2cm，纵轴取$\dfrac{2}{5} \times \dfrac{臀围档差}{4}$为0.2cm |
| $E$ | 侧臀围点 | 横轴取$\dfrac{上裆长档差}{3}$约为0.2cm，纵轴取$\dfrac{3}{5} \times \dfrac{臀围档差}{4}$为0.3cm |
| $F$ | 前横裆点 | 单向放码点，纵轴取$\dfrac{2}{5} \times \dfrac{臀围档差}{4} + \dfrac{臀围档差}{20}$为0.3cm |
| $G$ | 侧横裆点 | 单向放码点，纵轴取$\dfrac{3}{5} \times \dfrac{臀围档差}{4}$为0.3cm |
| $H$ | 前膝围点 | 横轴取$\dfrac{裤长档差 - 上裆长档差}{2}$为1.25cm，纵轴取$\dfrac{前横裆点档差 + 前裤口点档差}{2}$约为0.25cm |
| $I$ | 侧膝围点 | 横轴取$\dfrac{裤长档差 - 上裆长档差}{2}$为1.25cm，纵轴取$\dfrac{侧横裆点档差 + 侧裤口点档差}{2}$约为0.25cm |
| $J$ | 前裤口点 | 横轴取裤长档差 - 上裆长档差为2.5cm，纵轴取$\dfrac{裤口围档差}{4}$为0.25cm |
| $K$ | 侧裤口点 | 横轴取裤长档差 - 上裆长档差为2.5cm，纵轴取$\dfrac{裤口围档差}{4}$为0.25cm |

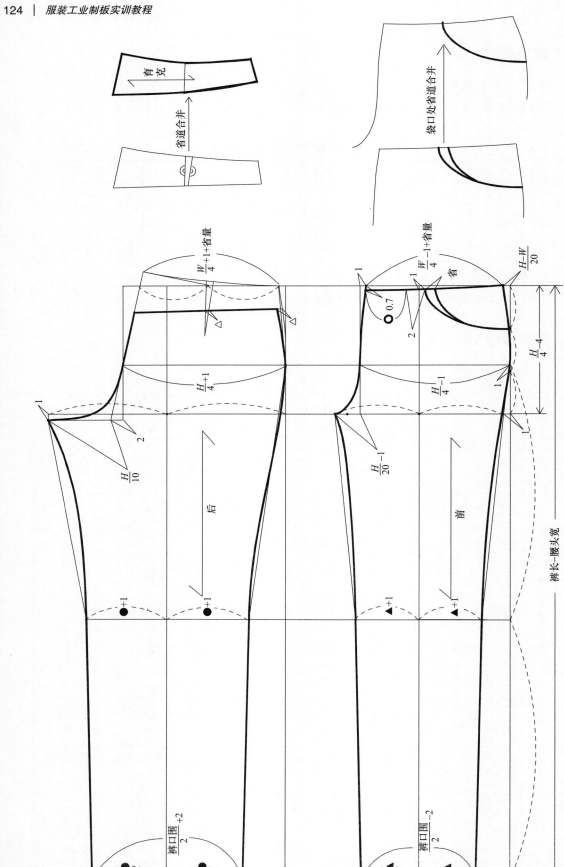

图5-6 男牛仔裤中间号型裤片结构制图

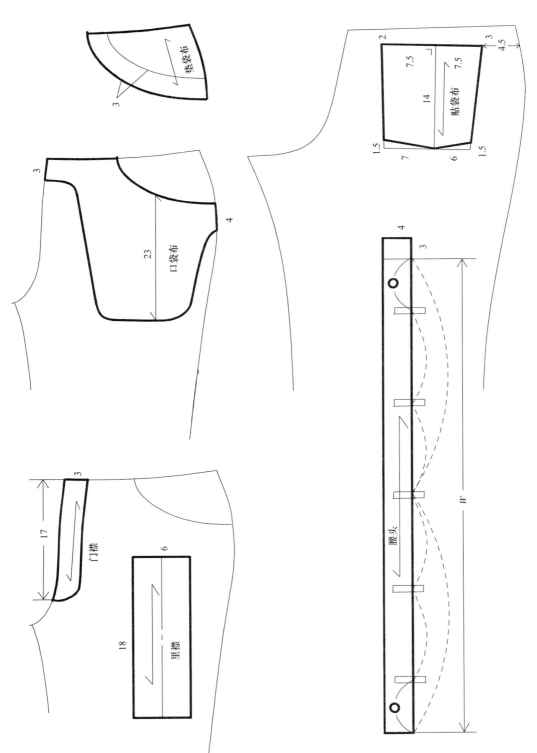

图5-7　男牛仔裤中间号型零部件结构制图

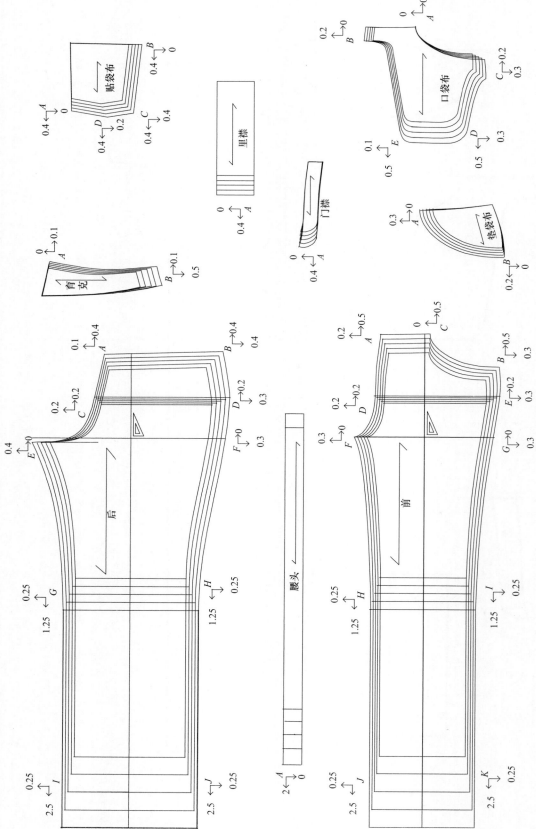

图5-8 男牛仔裤样板缩放图

## 2. 男牛仔裤后裤片样板缩放

坐标选定：后裤片以烫迹线为横轴，横裆线为纵轴，各控制点缩放值见表5-8。

表5-8 男牛仔裤后裤片样板缩放值说明表

| 部位代码 | 部位名称 | 缩放值说明 |
|---|---|---|
| A | 后腰分割线后中点 | 纵轴取 $\frac{4}{5} \times \frac{臀围档差}{4}$ 为0.4cm，纵轴取 $\frac{1}{5} \times \frac{腰围档差}{4}$ 为0.1cm |
| B | 后腰分割线侧边点 | 纵轴取 $\frac{4}{5} \times \frac{臀围档差}{4}$ 为0.4cm，纵轴取 $\frac{4}{5} \times \frac{腰围档差}{4}$ 为0.4cm |
| C | 后臀围点 | 横轴取 $\frac{上裆长档差}{3}$ 约为0.2cm，纵轴取 $\frac{2}{5} \times \frac{臀围档差}{4}$ 为0.2cm |
| D | 侧臀围点 | 横轴取 $\frac{上裆长档差}{3}$ 约为0.2cm，纵轴取 $\frac{3}{5} \times \frac{臀围档差}{4}$ 为0.3cm |
| E | 后横裆点 | 单向放码点，纵轴取 $\frac{2}{5} \times \frac{臀围档差}{4} + \frac{臀围档差}{10}$ 为0.4cm |
| F | 侧横裆点 | 单向放码点，纵轴取 $\frac{3}{5} \times \frac{臀围档差}{4}$ 为0.3cm |
| G | 后膝围点 | 横轴取 $\frac{裤长档差 - 上裆长档差}{2}$ 为1.25cm，纵轴取 $\frac{前横裆点档差 + 前裤口点档差}{2}$ 约为0.25cm |
| H | 侧膝围点 | 横轴取 $\frac{裤长档差 - 上裆长档差}{2}$ 为1.25cm，纵轴取 $\frac{侧横裆点档差 + 侧裤口点档差}{2}$ 约为0.25cm |
| I | 后裤口点 | 横轴取裤长档差 - 上裆长档差 为2.5cm，纵轴取 $\frac{裤口围档差}{4}$ 为0.25cm |
| J | 侧裤口点 | 横轴取裤长档差 - 上裆长档差 为2.5cm，纵轴取 $\frac{裤口围档差}{4}$ 为0.25cm |

## 3. 男牛仔裤零部件样板缩放

腰头样板缩放时，宽度保持不变，长度依腰头分段情况而定。当腰头不分段时，档差为2cm；当腰头在后中线分段时，左右腰片档差分别为1cm；当腰头在腰两侧分段时，则后片腰头档差为1cm，左右片前腰头档差各为0.5cm。总之，腰头档差之和应等于腰围总档差。

育克样板缩放时，结合后裤片缩放情况，育克宽度档差为0.1cm，长度档差为0.5cm。

裤门襟、裤里襟保持宽度不变，长度依缝合的裤片尺寸比例缩放0.4cm。

前袋垫袋布长度缩放0.2cm，宽度缩放0.3cm。

口袋布长度缩放0.5cm，宽度也总共缩放0.5cm。

后贴袋布长度缩放0.4cm，宽度缩放0.4cm。

# 第三节　男衬衫制板

## 一、款式描述

普通经典男衬衫，翻立领，左胸贴袋，过肩设计，后背两褶，袖开权，如图5-9所示。

正面款式图　　　　　　　　　　　背面款式图

图5-9　男衬衫款式图

## 二、规格表（表5-9）

表5-9　男衬衫成品尺寸表　　　　　　　　单位：cm

| 尺寸部位 \ 号型 | 160/80A | 165/84A | 170/88A | 175/92A | 180/96A | 档差 |
|---|---|---|---|---|---|---|
| 衣　长 | 68 | 70 | 72 | 74 | 76 | 2 |
| 胸　围 | 102 | 106 | 110 | 114 | 118 | 4 |
| 领　围 | 38 | 39 | 40 | 41 | 42 | 1 |
| 肩　宽 | 43.6 | 44.8 | 46 | 47.2 | 48.4 | 1.2 |
| 袖　长 | 55 | 56.5 | 58 | 59.5 | 61 | 1.5 |
| 袖口围 | 22 | 23 | 24 | 25 | 26 | 1 |

## 三、结构制图

### 1. 中间号型制图尺寸表

取中间号型为170/88A，制图尺寸见表5-10。

表5-10　男衬衣中间号型制图尺寸表　　　　　　　　单位：cm

| 部位 | 衣长 | 胸围（$B$） | 领围（$N$） | 肩宽（$S$） | 袖长 | 袖口围 |
|---|---|---|---|---|---|---|
| 成品尺寸 | 72 | 110 | 40 | 46 | 58 | 24 |
| 缝缩量 | 1.5 | 2 | 1 | 1 | 1 | 0.5 |
| 制图尺寸 | 73.5 | 112 | 41 | 47 | 59 | 24.5 |

### 2. 男衬衫中间号型衣片结构制图（图5-10）

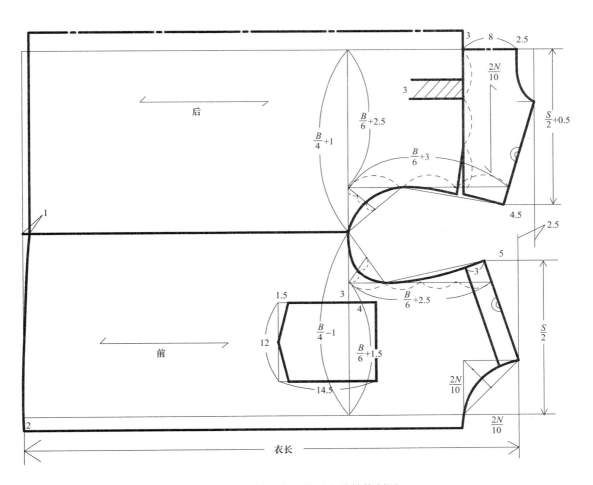

图5-10　男衬衫中间号型衣片结构制图

3. 男衬衫中间号型过肩结构制图（图5-11）

4. 男衬衫中间号型领子结构制图（图5-12）

5. 男衬衫中间号型袖子结构制图（图5-13）

## 四、样板缩放（图5-14）

图5-11　男衬衫中间号型过肩结构制图

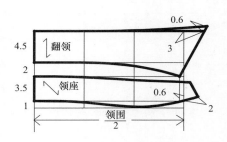

图5-12　男衬衫中间号型领子结构制图

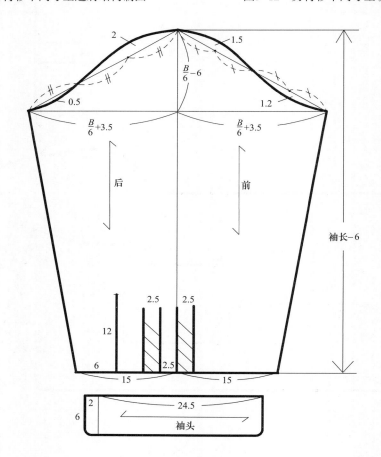

图5-13　男衬衫中间号型袖子结构制图

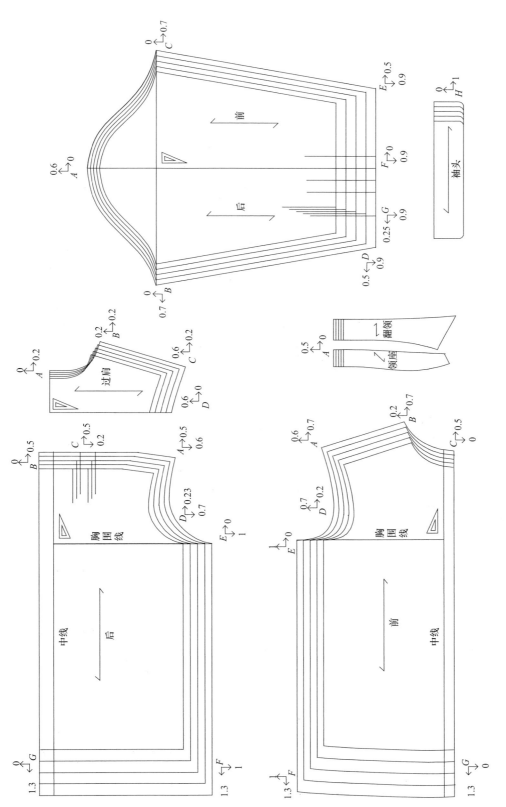

图5-14 男衬衫样板缩放图

### 1. 男衬衫前衣片样板缩放

坐标选定：前衣片以前中线为横轴，胸围线为纵轴，各控制点缩放值见表5-11。

表5-11 男衬衫前衣片样板缩放值说明表

| 部位代码 | 部位名称 | 缩放值说明 |
|---|---|---|
| A | 肩端点 | 横轴取 $\dfrac{胸围档差}{6}$ 约为0.7cm，纵轴取 $\dfrac{肩宽档差}{2}$ 为0.6cm |
| B | 颈肩点 | 横轴取 $\dfrac{胸围档差}{6}$ 约为0.7cm，纵轴取 $\dfrac{领围档差}{5}$ 为0.2cm |
| C | 前颈窝点 | 单向放码点，横轴取 $\dfrac{胸围档差}{6} - \dfrac{领围档差}{5}$ 为0.5cm |
| D | 前袖窿切点 | 纵轴取 $\dfrac{1}{4} \times \dfrac{胸围档差}{6}$ 约为0.2cm，纵轴取 $\dfrac{胸围档差}{6}$ 为0.7cm |
| E | 前胸围侧缝点 | 单向放码点，纵轴取 $\dfrac{胸围档差}{4}$ 为1cm |
| F | 前下摆侧缝点 | 横轴取衣长档差 $- \dfrac{胸围档差}{6}$ 为1.3cm，纵轴与前胸围侧缝点一致取1cm |
| G | 前中心下摆点 | 单向放码点，横轴与前侧缝下摆点一致取1.3cm |

### 2. 男衬衫后衣片样板缩放

坐标选定：后衣片以后中线为横轴，胸围线为纵轴，各控制点缩放值见表5-12。

表5-12 男衬衫后衣片样板缩放值说明表

| 部位代码 | 部位名称 | 缩放值说明 |
|---|---|---|
| A | 袖窿上端点 | 横轴取 $\dfrac{2}{3} \times \dfrac{胸围档差}{6}$ 约为0.5cm，纵轴取0.6cm |
| B | 后中线上端点 | 单向放码点，横轴 $\dfrac{2}{3} \times \dfrac{胸围档差}{6}$ 约为0.5cm |
| C | 后背褶点 | 横轴取 $\dfrac{2}{3} \times \dfrac{胸围档差}{6}$ 约为0.5cm，横轴按位置比例取0.2cm |
| D | 后袖窿切点 | 横轴取 $\dfrac{1}{3} \times \dfrac{胸围档差}{6}$ 约为0.23cm，纵轴取 $\dfrac{胸围档差}{6}$ 约为0.7cm |
| E | 后胸围侧缝点 | 单向放码点，纵轴取 $\dfrac{胸围档差}{4}$ 为1cm |
| F | 后侧缝下摆点 | 横轴取衣长档差 $- \dfrac{胸围档差}{6}$ 为1.3cm，纵轴与后胸围侧缝点一致取1cm |
| G | 后中心下摆点 | 单向放码点，横轴与后侧缝下摆点一致取1.3cm |

### 3. 男衬衫过肩样板缩放

坐标选定：过肩以后中线为横轴，后背分割线为纵轴，各控制点缩放值见表5-13。

表5-13　男衬衫过肩样板缩放值说明表

| 部位代码 | 部位名称 | 缩放值说明 |
|---|---|---|
| A | 第七颈椎点 | 单向放码点，横轴取 0.2cm |
| B | 颈肩点 | 横轴取 0.2cm，纵轴取 $\dfrac{领围档差}{5}$ 为 0.2cm |
| C | 肩端点 | 横轴取 0.2cm，纵轴取 $\dfrac{肩宽档差}{2}$ 为 0.6cm |
| D | 袖隆分割点 | 单向放码点，纵轴取 0.6cm |

### 4. 男衬衫领子样板缩放

领子的系列样板以后领中线为坐标，保持宽度不变，长度方向的缩放值取 $\dfrac{领围档差}{2}$ 为0.5cm。

### 5. 男衬衫袖子样板缩放

坐标选定：袖子以袖山线为横轴，袖中线为纵轴，各控制点缩放值见表5-14。

表5-14　男衬衫袖子样板缩放值说明表

| 部位代码 | 部位名称 | 缩放值说明 |
|---|---|---|
| A | 袖顶点 | 单向放码点，纵轴取袖隆深档差 $\times \dfrac{5}{6}$ 约为 0.6cm |
| B | 后袖肥点 | 单向放码点，横轴取 $\dfrac{胸围档差}{6}$ 约为 0.7cm |
| C | 前袖肥点 | 单向放码点，横轴取 $\dfrac{胸围档差}{6}$ 约为 0.7cm |
| D | 后袖口点 | 横轴取 $\dfrac{袖口围档差}{2}$ 为 0.5cm，纵轴取袖长档差 – 袖顶点档差为 0.9cm |
| E | 前袖口点 | 横轴取 $\dfrac{袖口围档差}{2}$ 为 0.5cm，纵轴取袖长档差 – 袖顶点档差为 0.9cm |
| F | 袖口中点 | 单向放码点，纵轴取袖长档差 – 袖顶点档差为 0.9cm |
| G | 袖口开衩点 | 横轴按位置比例取 0.25cm，纵轴取袖长档差 – 袖顶点档差为 0.9cm |
| H | 袖头 | 单向放码点，横轴取袖口围档差为 1cm |

# 第四节　男夹克制板

## 一、款式描述

前衣片竖向分割，插袋设在分割线处，下摆前后侧收褶，并用松紧带抽缩，插肩袖，袖开衩，前门襟装拉链，如图5–15所示。

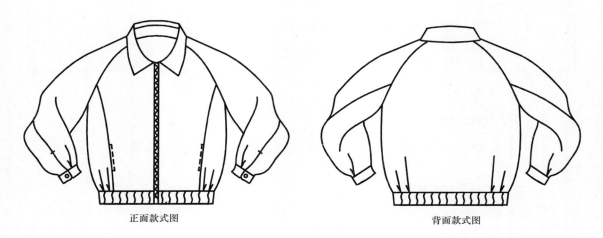

正面款式图　　　　　　　　　背面款式图

图5–15　男夹克款式图

## 二、规格表（表5–15）

表5–15　男夹克成品尺寸表　　　　　　　　　　　单位：cm

| 尺寸部位＼号型 | 160/80A | 165/84A | 170/88A | 175/92A | 180/96A | 档差 |
|---|---|---|---|---|---|---|
| 衣　长 | 64 | 66 | 68 | 70 | 72 | 2 |
| 胸　围 | 104 | 108 | 112 | 116 | 120 | 4 |
| 领　围 | 43 | 44 | 45 | 46 | 47 | 1 |
| 肩　宽 | 45.6 | 46.8 | 48 | 49.2 | 50.4 | 1.2 |
| 袖　长 | 59 | 60.5 | 62 | 63.5 | 65 | 1.5 |
| 袖口围 | 23 | 24 | 25 | 26 | 27 | 1 |

## 三、结构制图

### 1. 中间号型制图尺寸表：

取中间号型为170/88A，制图尺寸见表5–16。

表5-16　男夹克中间号型制图尺寸表　　　　　　　　　单位：cm

| 部位 | 衣长 | 胸围（B） | 领围（N） | 肩宽（S） | 袖长 | 袖口围 |
|---|---|---|---|---|---|---|
| 成品尺寸 | 68 | 112 | 45 | 48 | 62 | 25 |
| 缝缩量 | 1.5 | 2 | 1 | 1 | 1 | 0.5 |
| 制图尺寸 | 69.5 | 114 | 46 | 49 | 63 | 25.5 |

## 2. 男夹克中间号型前衣片、前袖片结构制图（图5-16）

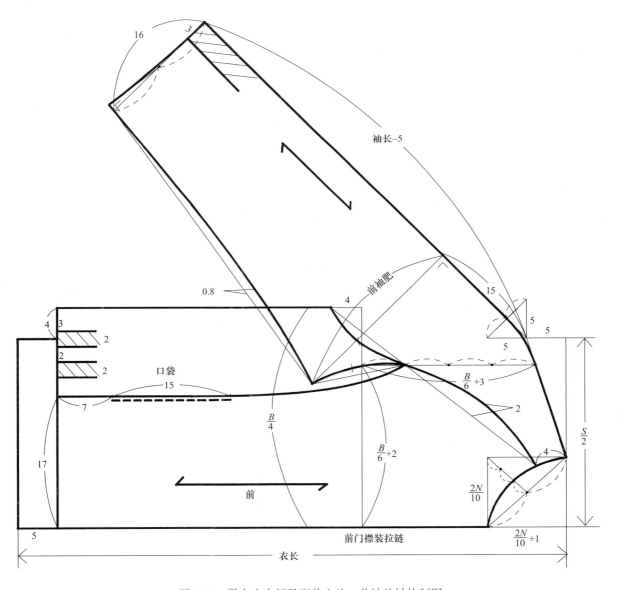

图5-16　男夹克中间号型前衣片、前袖片结构制图

### 3. 男夹克中间号型后衣片、后袖片结构制图（图5-17）

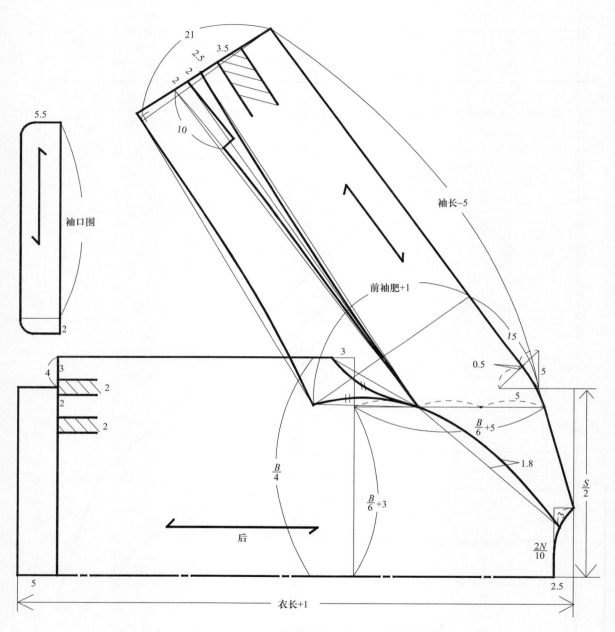

图5-17 男夹克中间号型后衣片、后袖片结构制图

### 4. 男夹克中间号型领子结构制图（图5-18）

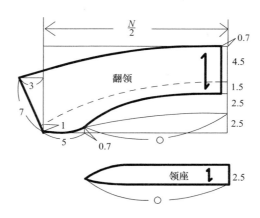

图5-18　男夹克中间号型领子结构制图

## 四、样板缩放

### 1. 男夹克前衣片样板缩放

坐标选定：前衣片以前中线为横轴，胸围线为纵轴，各控制点缩放值见表5-17。

表5-17　男夹克前衣片样板缩放值说明表

| 部位代码 | 部位名称 | 缩放值说明 |
|---|---|---|
| A | 颈肩点 | 横轴取 $\dfrac{胸围档差}{6}$ 约为 0.7cm，纵轴取 $\dfrac{领围档差}{5}$ 为 0.2cm |
| B | 前颈窝点 | 单向放码点，横轴取 $\dfrac{胸围档差}{6}-\dfrac{领围档差}{5}$ 为 0.5cm |
| C | 前袖窿切点 | 横轴取 $\dfrac{1}{4}\times\dfrac{胸围档差}{6}$ 约为 0.2cm，纵轴取 $\dfrac{胸围档差}{6}$ 约为 0.7cm |
| D | 分割线胸围点 | 单向放码点，纵轴按比例取 0.7cm |
| E | 分割线下摆点 | 横轴取衣长档差 $-\dfrac{胸围档差}{6}$ 为 1.3cm，纵轴按比例取 0.7cm |
| F | 前中心下摆点 | 单向放码点，横轴取衣长档差 $-\dfrac{胸围档差}{6}$ 为 1.3cm |

### 2. 男夹克前侧衣片样板缩放

坐标选定：前侧衣片以侧缝线为横轴，胸围线为纵轴，各控制点缩放值见表5-18。

表5-18　男夹克前侧衣片样板缩放值说明表

| 部位代码 | 部位名称 | 缩放值说明 |
|---|---|---|
| A | 袖窿切点 | 横轴取 $\dfrac{1}{4}\times\dfrac{胸围档差}{6}$ 约为 0.2cm，纵轴取 $\dfrac{胸围档差}{4}-\dfrac{胸围档差}{6}$ 为 0.3cm |
| B | 分割线胸围点 | 单向放码点，纵轴按比例取 0.3cm |

续表

| 部位代码 | 部位名称 | 缩放值说明 |
|---|---|---|
| C | 侧缝上端点 | 单向放码点，横轴按位置比例与袖子的吻合性适当取 0.1cm |
| D | 侧缝下摆点 | 单向放码点，横轴取衣长档差 $-\dfrac{胸围档差}{6}$ 为 1.3cm |
| E | 分割线下摆点 | 横轴取衣长档差 $-\dfrac{胸围档差}{6}$ 为 1.3cm，纵轴按比例取 0.3cm |

### 3. 男夹克后衣片样板缩放

坐标选定：后衣片以后中线为横轴，胸围线为纵轴，各控制点缩放值见表5-19。

表5-19　男夹克后衣片样板缩放值说明表

| 部位代码 | 部位名称 | 缩放值说明 |
|---|---|---|
| A | 颈肩点 | 横轴取 $\dfrac{胸围档差}{6}$ 约为 0.7cm，纵轴取 $\dfrac{领围档差}{5}$ 为 0.2cm |
| B | 第七颈椎点 | 单向放码点，横轴取 $\dfrac{胸围档差}{6}$ 约为 0.7cm |
| C | 后袖窿切点 | 横轴取 $\dfrac{1}{3} \times \dfrac{胸围档差}{6}$ 约为 0.23cm，纵轴取 $\dfrac{胸围档差}{6}$ 约为 0.7cm |
| D | 后侧缝上端点 | 横轴按位置比例以及与袖子的吻合性适当取 0.1cm，纵轴取 $\dfrac{胸围档差}{4}$ 为 1cm |
| E | 后侧缝下摆点 | 横轴取衣长档差 $-\dfrac{胸围档差}{6}$ 为 1.3cm，纵轴取 $\dfrac{胸围档差}{4}$ 为 1cm |
| F | 后中心下摆点 | 单向放码点，横轴取衣长档差 $-\dfrac{胸围档差}{6}$ 为 1.3cm |

### 4. 男夹克前袖样板缩放

坐标选定：前袖以袖中线为横轴，袖山线为纵轴，各控制点缩放值见表5-20。

表5-20　男夹克前袖样板缩放值说明表

| 部位代码 | 部位名称 | 缩放值说明 |
|---|---|---|
| A | 颈肩点 | 在前衣片缩放坐标图中，肩斜线所对应的纵轴肩宽的档差取 $\dfrac{肩宽档差}{2} - \dfrac{领围档差}{5}$ 为 0.4cm，转移到袖子缩放坐标图中后，如图 5-20 所示，肩斜线可相应地取横轴档差为 0.4cm，纵轴档差为 0.2cm。因此，颈肩点横轴缩放值取袖山高档差 +0.4 为 1cm，纵轴缩放值取 0.2cm |
| B | 前领窝插肩分割点 | 袖子插肩部位保持宽度不变，因此该点缩放值与颈肩点一致 |
| C | 肩端点（袖山高点） | 单向放码点，横轴取袖窿深档差 $\times \dfrac{5}{6}$ 约为 0.6cm |

续表

| 部位代码 | 部位名称 | 缩放值说明 |
|---|---|---|
| D | 袖肥点 | 单向放码点，纵轴取 $\dfrac{胸围档差}{6}$ 约为 0.7cm |
| E | 袖口中点 | 单向放码点，横轴取袖长档差－袖顶点档差为 0.9cm |
| F | 袖口侧缝点 | 横轴取袖长档差－袖顶点档差为 0.9cm，纵轴取 $\dfrac{袖口围档差}{2}$ 为 0.5cm |

### 5. 男夹克后大袖样板缩放

坐标选定：后大袖以袖中线为横轴，袖山线为纵轴，各控制点缩放值见表5-21。

表5-21　男夹克后大袖样板缩放值说明表

| 部位代码 | 部位名称 | 缩放值说明 |
|---|---|---|
| A | 颈肩点 | 与前袖颈肩点一致，横轴取袖山高档差＋0.4cm 为 1cm，纵轴取 0.2cm |
| B | 肩端点（袖山高点） | 单向放码点，横轴取袖窿深档差 $\times \dfrac{5}{6}$ 约为 0.6cm |
| C | 分割线上端点 | 按位置比例，横轴取 0.2cm，纵轴取 0.4cm |
| D | 袖口中点 | 单向放码点，横轴取袖长档差－袖顶点档差为 0.9cm |
| E | 袖口分割点 | 横轴取袖长档差－袖顶点档差为 0.9cm，纵轴取 0.3cm |

### 6. 男夹克后小袖样板缩放

坐标选定：后小袖以分割线为横轴，袖山线为纵轴，各控制点缩放值见表5-22。

表5-22　男夹克后小袖样板缩放值说明表

| 代码 | 控制点名称 | 缩放值说明 |
|---|---|---|
| A | 分割线上端点 | 单向放码点，横轴取 0.2cm |
| B | 袖侧缝上端点 | 单向放码点，纵轴按比例取 0.3cm |
| C | 袖口分割点 | 单向放码点，横轴取袖长档差－袖顶点档差为 0.9cm |
| D | 袖口侧缝点 | 横轴取袖长档差－袖顶点档差为 0.9cm，纵轴取 0.2cm |

### 7. 男夹克领子、袖头样板缩放

翻领、领座、袖头按图5-19中所示的控制点及缩放值进行缩放。

### 8. 男夹克袖子插肩部位缩放值分解图（图5-20）

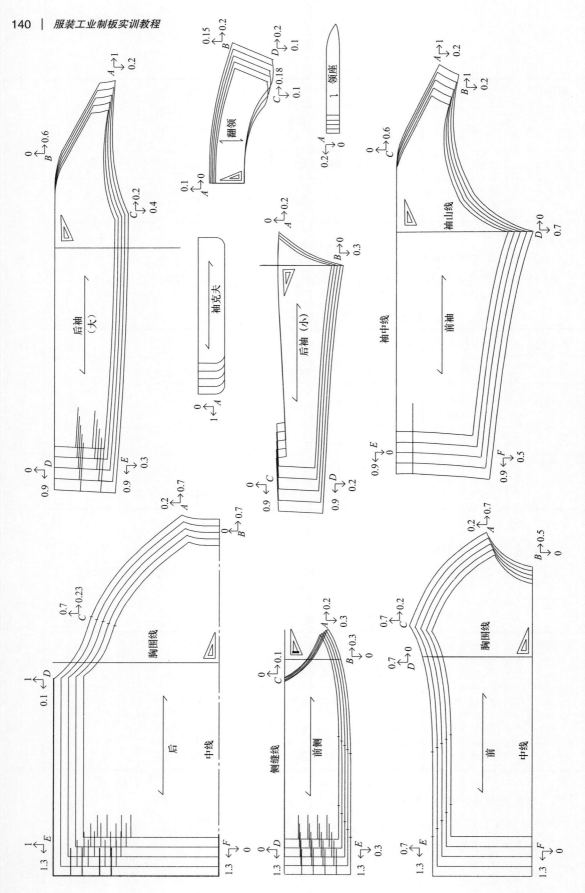

图5-19 男夹克样板缩放图

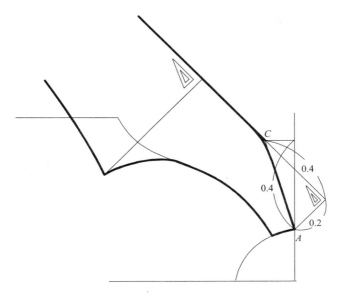

图5-20 男夹克袖子插肩部位缩放值分解图

# 第五节 男西装制板

## 一、款式描述

三开身结构，平驳领，两粒扣，有袋盖口袋，左前胸单开线挖袋，袖口三粒扣，如图5-21所示。

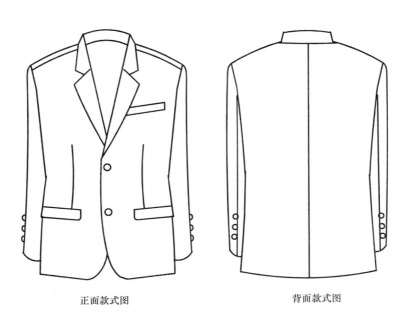

正面款式图　　　　　　　　　　　　背面款式图

图5-21 男西装款式图

## 二、规格表（表5-23）

表5-23　男西装成品尺寸表

单位：cm

| 尺寸部位＼号型 | 160/80A | 165/84A | 170/88A | 175/92A | 180/96A | 档差 |
|---|---|---|---|---|---|---|
| 衣　长 | 70 | 72 | 74 | 76 | 78 | 2 |
| 腰节长 | 40 | 41 | 42 | 43 | 44 | 1 |
| 胸　围 | 98 | 102 | 106 | 110 | 114 | 4 |
| 领　围 | 43 | 44 | 45 | 46 | 47 | 1 |
| 肩　宽 | 43.6 | 44.8 | 46 | 47.2 | 48.4 | 1.2 |
| 袖　长 | 56 | 57.5 | 59 | 60.5 | 62 | 1.5 |
| 袖口围 | 28 | 29 | 30 | 31 | 32 | 1 |

## 三、结构制图

### 1.男西装中间号型制图尺寸表

取中间号型为170/88A，制图尺寸见表5-24。

表5-24　男西装中间号型制图尺寸表

单位：cm

| 部位 | 衣长 | 腰节长 | 胸围（$B$） | 领围（$N$） | 肩宽（$S$） | 袖长 | 袖口围 |
|---|---|---|---|---|---|---|---|
| 成品尺寸 | 74 | 42 | 106 | 45 | 46 | 59 | 30 |
| 缝缩量 | 1.5 | 1 | 2 | 1 | 1 | 1 | 0.5 |
| 制图尺寸 | 75.5 | 43 | 108 | 46 | 47 | 60 | 30.5 |

### 2.男西装中间号型衣片等结构图

男西装中间号型衣片、挂面、领子、袖子结构制图如图5-22～图5-25所示。

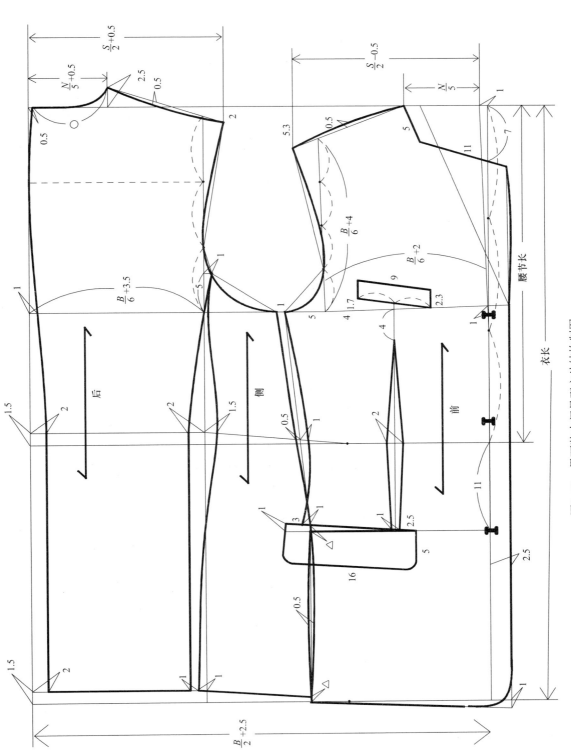

图5-22 男西装中间号型衣片结构制图

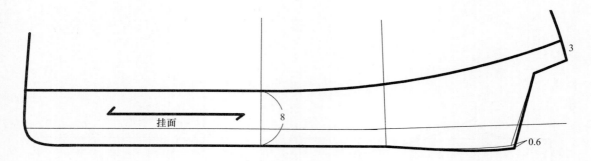

图5-23　男西装中间号型挂面结构制图

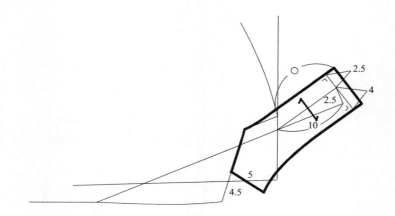

图5-24　男西装中间号型领子结构制图

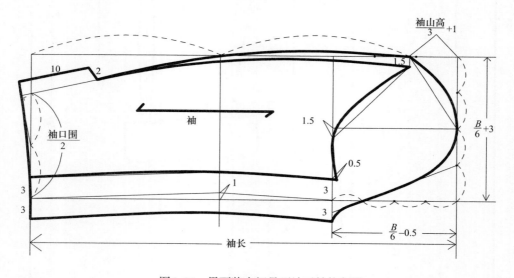

图5-25　男西装中间号型袖子结构制图

## 四、样板缩放（图5-26）

1.男西装前衣片样板缩放

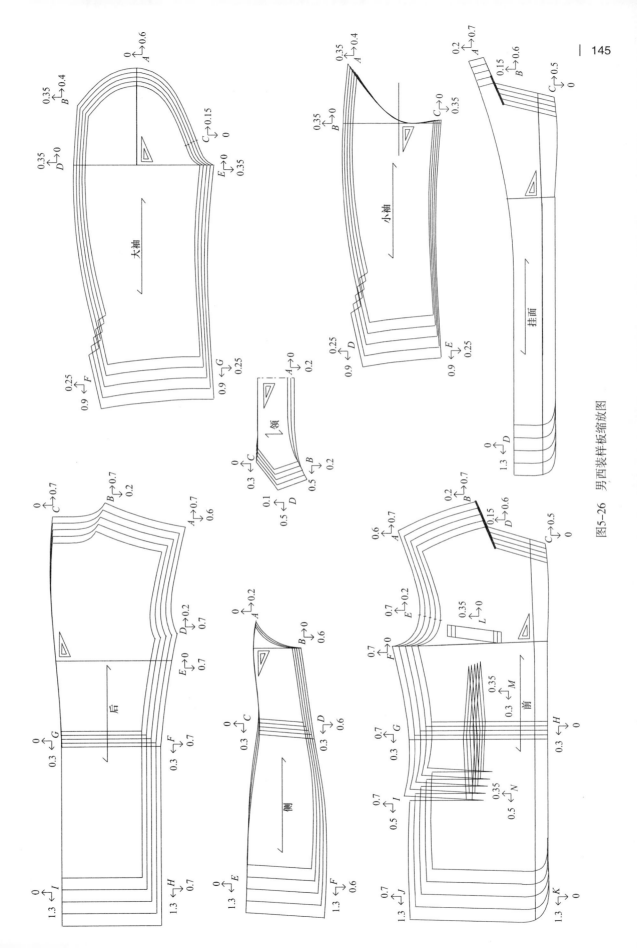

图5-26 男西装样板缩放图

坐标选定：前衣片以前中线为横轴，胸围线为纵轴，各控制点缩放值见表5-25。

表5-25　男西装前衣片样板缩放值说明表

| 部位代码 | 部位名称 | 缩放值说明 |
|---|---|---|
| A | 肩端点 | 横轴取 $\dfrac{胸围档差}{6}$ 约为 0.7cm，纵轴取 $\dfrac{肩宽档差}{2}$ 为 0.6cm |
| B | 颈肩点 | 横轴取 $\dfrac{胸围档差}{6}$ 约为 0.7cm，纵轴取 $\dfrac{领围档差}{5}$ 为 0.2cm |
| C | 前颈窝点 | 单向放码点，横轴取（$\dfrac{胸围档差}{6} - \dfrac{领围档差}{5}$）约为 0.5cm |
| D | 领深点 | 横轴取颈肩点与前颈窝点档差的中间值为 0.6cm，纵轴取领宽档差 $\times \dfrac{3}{4}$ 约为 0.15cm |
| E | 前袖窿切点 | 横轴取 $\dfrac{1}{4} \times \dfrac{胸围档差}{6}$ 约为 0.2cm，纵轴取 $\dfrac{胸围档差}{6}$ 约为 0.7cm |
| F | 前胸围侧缝点 | 单向放码点，纵轴按比例取为 0.7cm |
| G | 前腰围侧缝点 | 横轴取腰节长档差 $- \dfrac{胸围档差}{6}$ 约为 0.3cm，纵轴与前胸围侧缝点一致取 0.7cm |
| H | 前中心腰围点 | 单向放码点，横轴与前腰围侧缝点一致取 0.3cm |
| I | 肚省点 | 横轴按位置取 0.5cm，纵轴与前胸围侧缝点一致取 0.7cm |
| J | 前下摆侧缝点 | 横轴取衣长档差 $- \dfrac{胸围档差}{6}$ 约为 1.3cm，纵轴与前胸围侧缝点一致取 0.7cm |
| K | 前中心下摆点 | 单向放码点，横轴与前下摆侧缝点一致取 1.3cm |
| L | 前胸袋点 | 单向放码点，$\dfrac{纵轴取}{2} \times \dfrac{胸围档差}{6}$ 约为 0.35cm |
| M | 前腰省点 | 横轴与前腰围侧缝点一致取 0.3cm，纵轴取 $\dfrac{1}{2} \times \dfrac{胸围档差}{6}$ 约为 0.35cm |
| N | 袋位点 | 根据位置和比例，横轴取 0.5cm，纵轴取 0.35cm |

**2. 男西装后衣片样板缩放**

坐标选定：后衣片以后中线为横轴，胸围线为纵轴，各控制点缩放值见表5-26。

**3. 男西装侧衣片样板缩放**

坐标选定：侧衣片以后侧缝线为横轴，胸围线为纵轴，各控制点缩放值见表5-27。

表5-26　男西装后衣片样板缩放值说明表

| 部位代码 | 部位名称 | 缩放值说明 |
|---|---|---|
| A | 肩端点 | 横轴取 $\dfrac{胸围档差}{6}$ 约为0.7cm，纵轴取 $\dfrac{肩宽档差}{2}$ 为0.6cm |
| B | 颈肩点 | 横轴取 $\dfrac{胸围档差}{6}$ 约为0.7cm，纵轴取 $\dfrac{领围档差}{5}$ 为0.2cm |
| C | 第七颈椎点 | 单向放码点，横轴取 $\dfrac{胸围档差}{6}$ 约为0.7cm |
| D | 后袖窿起翘切点 | 横轴取 $\dfrac{1}{4} \times \dfrac{胸围档差}{6}$ 约为0.2cm，纵轴取 $\dfrac{胸围档差}{6}$ 约为0.7cm |
| E | 后胸围侧缝点 | 单向放码点，纵轴按比例取0.7cm |
| F | 后腰围侧缝点 | 横轴取腰节长档差 $-\dfrac{胸围档差}{6}$ 约为0.3cm，纵轴按比例取0.7cm |
| G | 后中线腰围点 | 单向放码点，横轴与后腰围侧缝点一致取0.3cm |
| H | 后下摆侧缝点 | 横轴取衣长档差 $-\dfrac{胸围档差}{6}$ 约为1.3cm，纵轴按比例取0.7cm |
| I | 后中线下摆点 | 单向放码点，横轴与后侧缝下摆点一致取1.3cm |

表5-27　男西装侧衣片样板缩放值说明表

| 部位代码 | 部位名称 | 缩放值说明 |
|---|---|---|
| A | 后袖窿起翘点 | 单向放码点，横轴取 $\dfrac{1}{4} \times \dfrac{胸围档差}{6}$ 约为0.2cm |
| B | 侧片前胸围点 | 单向放码点，纵轴按比例取0.6cm |
| C | 侧片后腰围点 | 单向放码点，横轴取腰节长档差 $-\dfrac{胸围档差}{6}$ 约为0.3cm |
| D | 侧片前腰围点 | 横轴取腰节长档差 $-\dfrac{胸围档差}{6}$ 约为0.3cm，纵轴按比例取0.6cm |
| E | 侧片后下摆点 | 单向放码点，横轴取衣长档差 $-\dfrac{胸围档差}{6}$ 约为1.3cm |
| F | 侧片前下摆点 | 横轴取衣长档差 $-\dfrac{胸围档差}{6}$ 约为1.3cm，纵轴按比例取0.6cm |

**4.　男西装前挂面样板缩放**

挂面的缩放坐标以前中线为横轴，胸围线为纵轴，系列样板整体宽度不变，领窝部位及长度方向的缩放值参考前衣片。

**5.　男西装领子样板缩放**

领子的系列样板以后领中线为坐标，宽度方向的缩放值取0.2cm，长度方向的缩放值

取 $\dfrac{领围档差}{2}$ 为0.5cm，各点依具体位置和比例取相应的缩放值。

### 6. 男西装大袖样板缩放

坐标选定：大袖以袖中线为横轴，袖肥线为纵轴，各控制点缩放值见表5-28。

表5-28　男西装大袖样板缩放值说明表

| 部位代码 | 部位名称 | 缩放值说明 |
|:---:|:---:|:---|
| A | 袖顶点 | 单向放码点，横轴取袖窿深档差 $\times \dfrac{5}{6}$ 约为 0.6cm |
| B | 后袖山高点 | 横轴取袖顶点档差 $\times \dfrac{2}{3}$ 约为 0.4cm，纵轴取 $\dfrac{1}{2} \times \dfrac{胸围档差}{6}$ 约为 0.35cm |
| C | 前袖山切点 | 横轴取 $\dfrac{袖顶点档差}{4}$ 约为 0.15cm，纵轴取 $\dfrac{1}{2} \times \dfrac{胸围档差}{6}$ 约为 0.35cm |
| D | 后袖肥点 | 单向放码点，纵轴取 $\dfrac{1}{2} \times \dfrac{胸围档差}{6}$ 约为 0.35cm |
| E | 前袖肥点 | 单向放码点，纵轴取 $\dfrac{1}{2} \times \dfrac{胸围档差}{6}$ 约为 0.35cm |
| F | 后袖口点 | 横轴取袖长档差 – 袖顶点档差为 0.9cm，纵轴取 $\dfrac{袖口围档差}{4}$ 为 0.25cm |
| G | 前袖口点 | 横轴取袖长档差 – 袖顶点档差为 0.9cm，纵轴取 $\dfrac{袖口围档差}{4}$ 为 0.25cm |

### 7. 男西装小袖样板缩放

坐标选定：小袖以袖中线为横轴，袖肥线为纵轴，各控制点缩放值见表5-29。

表5-29　男西装小袖样板缩放值说明表

| 部位代码 | 部位名称 | 缩放值说明 |
|:---:|:---:|:---|
| A | 后袖山高点 | 横轴取袖顶点档差 $\times \dfrac{2}{3}$ 约为 0.4cm，纵轴取 $\dfrac{1}{2} \times \dfrac{胸围档差}{6}$ 约为 0.35cm |
| B | 后袖肥点 | 单向放码点，纵轴取 $\dfrac{1}{2} \times \dfrac{胸围档差}{6}$ 约为 0.35cm |
| C | 前袖肥点 | 单向放码点，纵轴取 $\dfrac{1}{2} \times \dfrac{胸围档差}{6}$ 约为 0.35cm |
| D | 后袖口点 | 横轴取袖长档差 – 袖顶点档差为 0.9cm，纵轴取 $\dfrac{袖口围档差}{4}$ 为 0.25cm |
| E | 前袖口点 | 横轴取袖长档差 – 袖顶点档差为 0.9cm，纵轴取 $\dfrac{袖口围档差}{4}$ 为 0.25cm |

# 第六节 男大衣制板

## 一、款式描述

男大衣为四开身结构，戗驳领，双排扣，衣长至膝盖，后背中线下摆开衩，带袋盖口袋，单开线前胸袋，两片袖，袖口三粒扣，如图5-27所示。

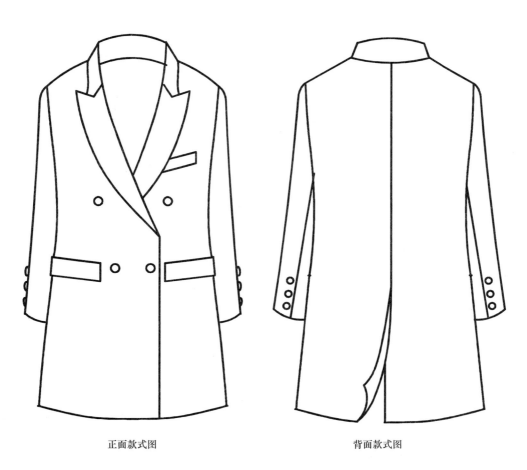

正面款式图　　　　　　　　　背面款式图

图5-27　男大衣款式图

## 二、规格表（表5-30）

表5-30 男大衣成品尺寸表

单位：cm

| 尺寸部位 \ 号型 | 160/80A | 165/84A | 170/88A | 175/92A | 180/96A | 档差 |
|---|---|---|---|---|---|---|
| 衣 长 | 104 | 107 | 110 | 113 | 116 | 3 |
| 腰节长 | 42 | 43 | 44 | 45 | 46 | 1 |
| 胸 围 | 102 | 106 | 110 | 114 | 118 | 4 |
| 领 围 | 43 | 44 | 45 | 46 | 47 | 1 |
| 肩 宽 | 44.6 | 45.8 | 47 | 48.2 | 49.4 | 1.2 |
| 袖 长 | 57 | 58.5 | 60 | 61.5 | 63 | 1.5 |
| 袖口围 | 32 | 33 | 34 | 35 | 36 | 1 |

## 三、结构制图

### 1. 男大衣中间号型制图尺寸表

取中间号型170/88A，制图尺寸见表5-31。

表5-31 男大衣中间号型制图尺寸表

单位：cm

| 部位 | 衣长 | 腰节长 | 胸围（B） | 领围（N） | 肩宽（S） | 袖长 | 袖口围 |
|---|---|---|---|---|---|---|---|
| 成品尺寸 | 110 | 44 | 110 | 45 | 47 | 60 | 34 |
| 缝缩量 | 2.5 | 1 | 2.5 | 1 | 1 | 1.2 | 0.8 |
| 制图尺寸 | 112.5 | 45 | 112.5 | 46 | 48 | 61.2 | 34.8 |

### 2. 男大衣中间号型衣片等结构图

男大衣中间号型衣片、挂面、领子、袖子结构制图如图5-28～图5-31所示。

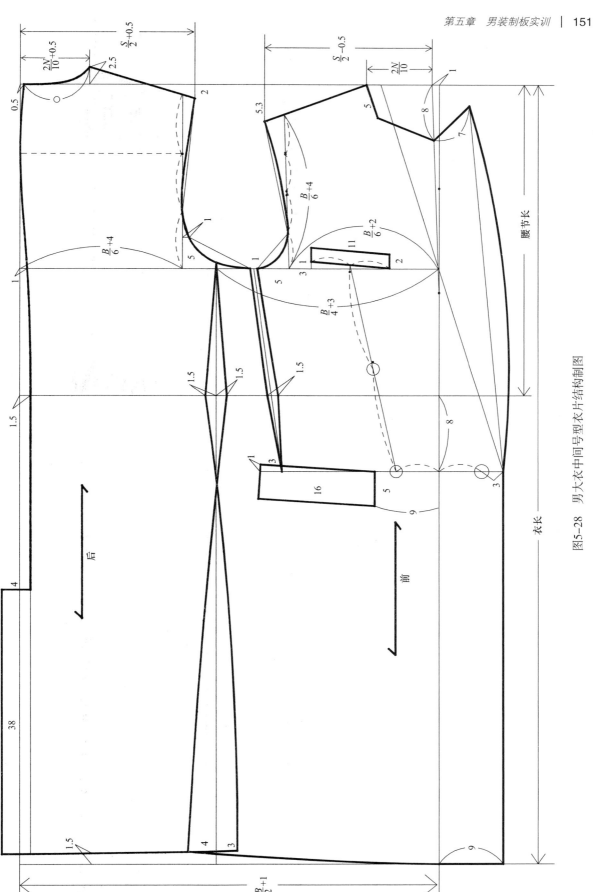

图5-28 男大衣中间号型衣片结构制图

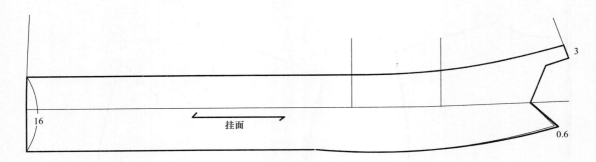

图5-29　男大衣中间号型挂面结构制图

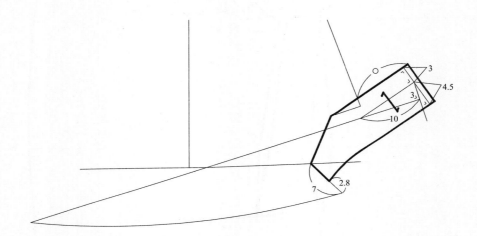

图5-30　男大衣中间号型领子结构制图

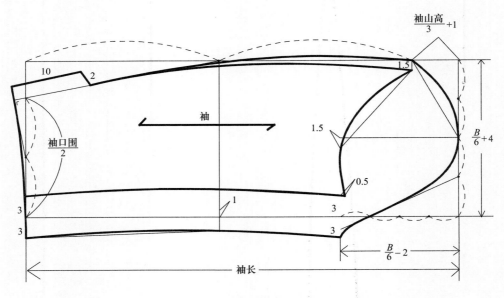

图5-31　男大衣中间号型袖子结构制图

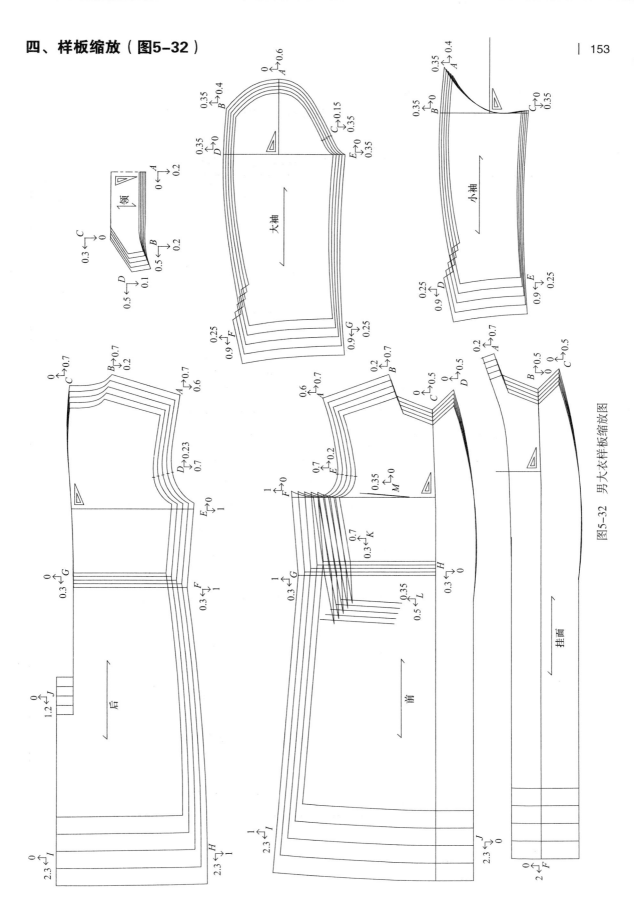

图5-32 男大衣样板缩放图

### 1. 男大衣前衣片样板缩放

坐标选定：前衣片以前中线为横轴，胸围线为纵轴，各控制点缩放值见表5–32。

表5–32　男大衣前衣片样板缩放值说明表

| 部位代码 | 部位名称 | 缩放值说明 |
|:---:|:---:|:---|
| A | 肩端点 | 横轴取 $\dfrac{胸围档差}{6}$ 约为 0.7cm，纵轴取 $\dfrac{肩宽档差}{2}$ 为 0.6cm |
| B | 颈肩点 | 横轴取 $\dfrac{胸围档差}{6}$ 约为 0.7cm，纵轴取 $\dfrac{领围档差}{5}$ 为 0.2cm |
| C | 前颈窝点 | 单向放码点，横轴取 $\dfrac{胸围档差}{6} - \dfrac{领围档差}{5}$ 为 0.5cm |
| D | 前门襟领窝点 | 单向放码点，横轴取 $\dfrac{胸围档差}{6} - \dfrac{领围档差}{5}$ 为 0.5cm |
| E | 前袖窿切点 | 横轴取 $\dfrac{1}{4} \times \dfrac{胸围档差}{6}$ 约为 0.2cm，纵轴取 $\dfrac{胸围档差}{6}$ 约为 0.7cm |
| F | 前胸围侧缝点 | 单向放码点，纵轴取 $\dfrac{胸围档差}{4}$ 为 1cm |
| G | 前腰围侧缝点 | 横轴取腰节长档差 $- \dfrac{胸围档差}{6}$ 为 0.3cm，纵轴与前胸围侧缝点一致取 1cm |
| H | 前门襟腰围点 | 单向放码点，横轴与前腰围侧缝点一致取 0.3cm |
| I | 前下摆侧缝点 | 横轴取衣长档差 $- \dfrac{胸围档差}{6}$ 为 2.3cm，纵轴与前胸围侧缝点一致取 1cm |
| J | 前门襟下摆点 | 单向放码点，横轴与前下摆侧缝点一致取 2.3cm |
| K | 腋下腰省点 | 横轴与前腰围侧缝点一致取 0.3cm，纵轴取 $\dfrac{胸围档差}{6}$ 约为 0.7cm |
| L | 大袋位点 | 横轴按位置取 0.5cm，纵轴取 $\dfrac{1}{2} \times \dfrac{胸围档差}{6}$ 约为 0.35cm |
| M | 前胸袋点 | 单向放码点，纵轴取 $\dfrac{1}{2} \times \dfrac{胸围档差}{6}$ 约为 0.35cm |

## 2．男大衣后衣片样板缩放

坐标选定：后衣片以后中线为横轴，胸围线为纵轴，各控制点缩放值见表5-33。

表5-33　男大衣后衣片样板缩放值说明表

| 部位代码 | 部位名称 | 缩放值说明 |
|---|---|---|
| A | 肩端点 | 横轴取 $\dfrac{胸围档差}{6}$ 约为0.7cm，纵轴取 $\dfrac{肩宽档差}{2}$ 为0.6cm |
| B | 颈肩点 | 横轴取 $\dfrac{胸围档差}{6}$ 约为0.7cm，纵轴取 $\dfrac{领围档差}{5}$ 为0.2cm |
| C | 第七颈椎点 | 单向放码点，横轴取 $\dfrac{胸围档差}{6}$ 约为0.7cm |
| D | 后袖窿切点 | 横轴取 $\dfrac{1}{3} \times \dfrac{胸围档差}{6}$ 约为0.23cm，纵轴取 $\dfrac{胸围档差}{6}$ 约为0.7cm |
| E | 后胸围侧缝点 | 单向放码点，纵轴取 $\dfrac{胸围档差}{4}$ 为1cm |
| F | 后腰围侧缝点 | 横轴取腰节长档差 $-\dfrac{胸围档差}{6}$ 为0.3cm，纵轴与后胸围侧缝点一致取1cm |
| G | 后中线腰围点 | 单向放码点，横轴与后腰围侧缝点一致取0.3cm |
| H | 后下摆侧缝点 | 横轴取衣长档差 $-\dfrac{胸围档差}{6}$ 为2.3cm，纵轴与后胸围侧缝点一致取1cm |
| I | 后中线下摆点 | 单向放码点，横轴与后下摆侧缝点一致取2.3cm |
| J | 后开衩点 | 单向放码点，横轴按位置取1.2cm |

## 3．男大衣挂面样板缩放

挂面的缩放坐标以前中线为横轴，胸围线为纵轴，系列样板整体宽度不变，领窝部位及长度方向的缩放值参考前衣片。

## 4．男大衣领子样板缩放

领子的系列样板以后领中线为坐标，宽度方向的缩放值取0.2cm，长度方向的缩放值取 $\dfrac{领围档差}{2}$ 为0.5cm，各点依具体位置和比例取相应的缩放值。

## 5．男大衣大袖样板缩放

坐标选定：大袖以袖中线为横轴，袖山线为纵轴，各控制点缩放值见表5-34。

表5-34 男大衣大袖样板缩放值说明表

| 部位代码 | 部位名称 | 缩放值说明 |
| --- | --- | --- |
| A | 袖顶点 | 单向放码点，横轴取袖窿深档差 $\times \dfrac{5}{6}$ 约为 0.6cm |
| B | 后袖山高点 | 横轴取袖顶点档差 $\times \dfrac{2}{3}$ 约为 0.4cm，纵轴取 $\dfrac{1}{2} \times \dfrac{胸围档差}{6}$ 约为 0.35cm |
| C | 前袖山切点 | 横轴取 $\dfrac{袖顶点档差}{4}$ 约为 0.15cm，纵轴取 $\dfrac{1}{2} \times \dfrac{胸围档差}{6}$ 约为 0.35cm |
| D | 后袖肥点 | 单向放码点，纵轴取 $\dfrac{1}{2} \times \dfrac{胸围档差}{6}$ 约为 0.35cm |
| E | 前袖肥点 | 单向放码点，纵轴取 $\dfrac{1}{2} \times \dfrac{胸围档差}{6}$ 约为 0.35cm |
| F | 后袖口点 | 横轴取袖长档差 - 袖顶点档差为 0.9cm，纵轴取 $\dfrac{袖口围档差}{4}$ 为 0.25cm |
| G | 前袖口点 | 横轴取袖长档差 - 袖顶点档差为 0.9cm，纵轴取 $\dfrac{袖口围档差}{4}$ 为 0.25cm |

**6. 男大衣小袖样板缩放**

坐标选定：小袖以袖中线为横轴，袖山线为纵轴，各控制点缩放值见表5-35。

表5-35 男大衣小袖样板缩放值说明表

| 部位代码 | 部位名称 | 缩放值说明 |
| --- | --- | --- |
| A | 后袖山高点 | 横轴取袖顶点档差 $\times \dfrac{2}{3}$ 约为 0.4cm，纵轴取 $\dfrac{1}{2} \times \dfrac{胸围档差}{6}$ 约为 0.35cm |
| B | 后袖肥点 | 单向放码点，纵轴取 $\dfrac{1}{2} \times \dfrac{胸围档差}{6}$ 约为 0.35cm |
| C | 前袖肥点 | 单向放码点，纵轴取 $\dfrac{1}{2} \times \dfrac{胸围档差}{6}$ 约为 0.35cm |
| D | 后袖口点 | 横轴取袖长档差 - 袖顶点档差为 0.9cm，纵轴取 $\dfrac{袖口围档差}{4}$ 为 0.25cm |
| E | 前袖口点 | 横轴取袖长档差 - 袖顶点档差为 0.9cm，纵轴取 $\dfrac{袖口围档差}{4}$ 为 0.25cm |

## 本章小结

1. 各类男裤的制板，包括规格设置、结构图绘制、档差设定及各裤片的推档放缩。

2．各类男上衣的制板，包括规格设置、结构图绘制、档差设定及各衣片的推档放缩。

## 练习题

1．完成一款男西裤1：1的制板。

2．完成一款男牛仔裤1：1或1：5的制板。

3．完成一款男衬衫1：1的制板。

4．完成一款男夹克1：1或1：5的制板。

5．完成一款男西装1：1的制板。

6．完成一款男大衣1：1的制板。

**理论与实训——**

### 童装制板实训

**课题名称：** 童装制板实训

**课题内容：** 1．儿童休闲裤制板

2．儿童背带裤制板

3．儿童衬衫制板

4．儿童夹克制板

**课题时间：** 24课时

**教学目的：** 掌握各款式童装制板中的规格制定、结构制图、档差设置及各衣片推档。

**教学重点：** 各款式童装制板中的规格制定、结构制图、档差设置及推档。

**教学要求：** 1．用服装实物给学生讲解各部位的结构特征。

2．每款服装完成制板讲解与演示后，让学生整理笔记，并完成1：5或1：1的制板实训。

# 第六章 童装制板实训

## 第一节 儿童休闲裤制板

### 一、款式描述

普通儿童休闲裤，松紧腰头；插袋，采用一片袋布沿口袋轮廓与裤身面布直接用明线迹车缝住；前裤片右膝围处设分割线，有贴饰；后臀贴袋；裤口向上折叠，如图6-1所示。

正面款式图　　　　　　　背面款式图

图6-1　儿童休闲裤款式图

### 二、规格表（表6-1）

表6-1　儿童休闲裤成品尺寸表　　　　　　单位：cm

| 尺寸<br>部位 \ 号型 | 90/46 | 100/49 | 110/52 | 120/55 | 130/58 | 档差 |
|---|---|---|---|---|---|---|
| 裤 长 | 51.5 | 58.5 | 65.5 | 72.5 | 79.5 | 7 |
| 臀 围 | 69 | 74 | 79 | 84 | 89 | 5 |

续表

| 号型<br>尺寸<br>部位 | 90/46 | 100/49 | 110/52 | 120/55 | 130/58 | 档差 |
|---|---|---|---|---|---|---|
| 腰　围 | 72 | 75 | 78 | 81 | 84 | 3 |
| 上裆<br>（含腰头） | 24 | 25 | 26 | 27 | 28 | 1 |
| 裤口围 | 36 | 37 | 38 | 39 | 40 | 1 |

## 三、结构制图

1. **中间号型制图尺寸表：**

取中间号型为110/52，制图尺寸见表6-2。

表6-2　儿童休闲裤中间号型制图尺寸表

单位：cm

| 部位 | 裤长 | 臀围（$H$） | 腰围（$W$） | 上裆 | 裤口围 | 腰头宽 |
|---|---|---|---|---|---|---|
| 成品尺寸 | 65.5 | 79 | 78 | 26 | 38 | 3 |
| 缝缩量 | 1.5 | 2 | 2 | 0.5 | 1 | — |
| 结构尺寸 | 67 | 81 | 80 | 26.5 | 39 | 3 |

2. **儿童休闲裤中间号型结构制图（图6-2）**

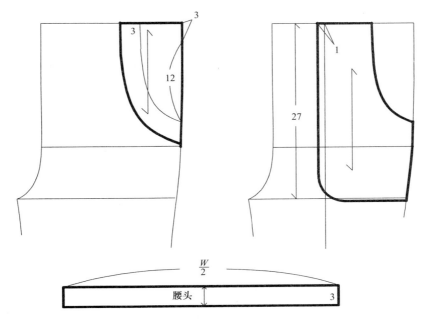

图6-2

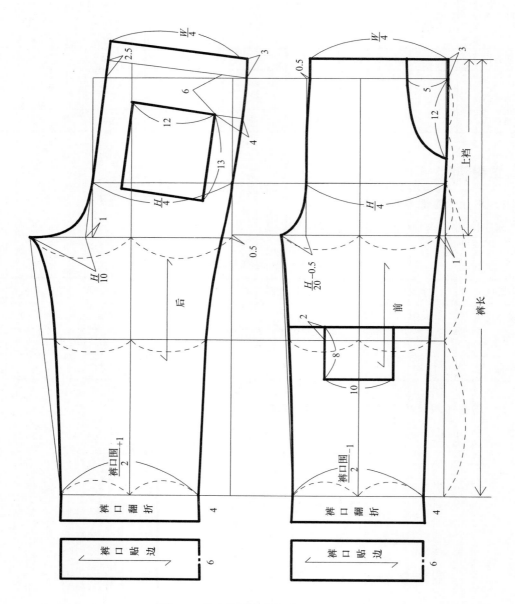

图6-2 儿童休闲裤中间号型结构制图

## 四、样板缩放（图6-3）

**1. 儿童休闲裤前裤片上半段样板缩放**

坐标选定：前裤片上半段以烫迹线为横轴，横裆线为纵轴，各控制点缩放值见表6-3。

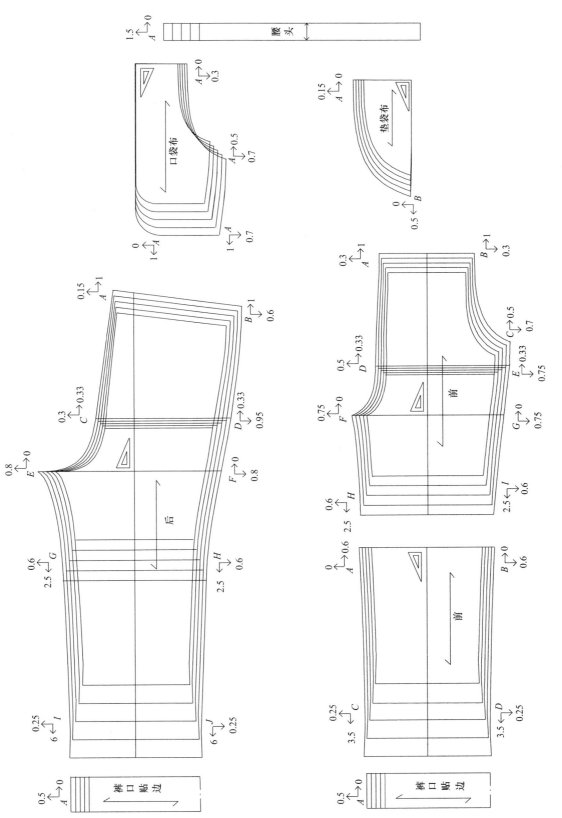

图6-3　儿童休闲裤样板缩放图

表6-3　儿童休闲裤前裤片上半段样板缩放值说明表

| 部位代码 | 部位名称 | 缩放值说明 |
|---|---|---|
| $A$ | 前腰点 | 横轴取上裆档差为1cm，纵轴取 $\dfrac{2}{5} \times \dfrac{腰围档差}{4}$ 为0.3cm |
| $B$ | 侧腰点 | 横轴取上裆档差为1cm，纵轴取 $\dfrac{2}{5} \times \dfrac{腰围档差}{4}$ 为0.3cm |
| $C$ | 插袋下止口点 | 横轴按位置比例取0.5cm，纵轴取 $\dfrac{3}{5} \times \dfrac{腰围档差}{4}$ 与 $\dfrac{3}{5} \times \dfrac{臀围档差}{4}$ 的中间值约为0.7cm |
| $D$ | 前臀围点 | 横轴取 $\dfrac{上裆档差}{3}$ 约为0.33cm，纵轴取 $\dfrac{2}{5} \times \dfrac{臀围档差}{4}$ 为0.5cm |
| $E$ | 侧臀围点 | 横轴取 $\dfrac{上裆档差}{3}$ 约为0.33cm，纵轴取 $\dfrac{3}{5} \times \dfrac{臀围档差}{4}$ 为0.75cm |
| $F$ | 前横裆点 | 单向放码点，纵轴取 $\dfrac{2}{5} \times \dfrac{臀围档差}{4} + \dfrac{臀围档差}{20}$ 为0.75cm |
| $G$ | 侧横裆点 | 单向放码点，纵轴与前横裆点一致取0.75cm |
| $H$ | 分割线内侧点 | 下裆长档差为6cm，因此，分割线内侧横轴按位置比例取2.5cm，纵轴按位置取0.6cm |
| $I$ | 分割线外侧点 | 下裆长档差为6cm，因此，分割线内侧横轴按位置比例取2.5cm，纵轴按位置取0.6cm |

**2. 儿童休闲裤前裤片下半段样板缩放**

坐标选定：前裤片下半段以烫迹线为横轴，裤子膝盖处的分割线为纵轴，各控制点缩放值见表6-4。

表6-4　儿童休闲裤前裤片下半段样板缩放值说明表

| 部位代码 | 部位名称 | 缩放值说明 |
|---|---|---|
| $A$ | 分割线内侧点 | 单向放码点，纵轴按位置取0.6cm |
| $B$ | 分割线外侧点 | 单向放码点，纵轴按位置取0.6cm |
| $C$ | 前裤口点 | 横轴取裤长档差 $-$ 上裆档差 $-H$ 点横轴档差为3.5cm，纵轴取 $\dfrac{裤口围档差}{4}$ 为0.25cm |
| $D$ | 侧裤口点 | 横轴取裤长档差 $-$ 上裆档差 $-I$ 点横轴档差为3.5cm，纵轴取 $\dfrac{裤口围档差}{4}$ 为0.25cm |

**3. 儿童休闲裤后裤片样板缩放**

坐标选定：后裤片以烫迹线为横轴，横裆线为纵轴，各控制点缩放值见表6-5。

表6-5 儿童休闲裤后裤片样板缩放值说明表

| 部位代码 | 部位名称 | 缩放值说明 |
|---|---|---|
| A | 后腰点 | 横轴取上裆档差为1cm，纵轴取 $\frac{1}{5} \times \frac{腰围档差}{4}$ 为0.15cm |
| B | 侧腰点 | 横轴取上裆档差为1cm，纵轴取 $\frac{4}{5} \times \frac{腰围档差}{4}$ 为0.6cm |
| C | 后臀围点 | 横轴取 $\frac{上裆档差}{3}$ 约为0.33cm，纵轴取 $\frac{1}{4} \times \frac{臀围档差}{4}$ 为0.3cm |
| D | 侧臀围点 | 横轴取 $\frac{上裆档差}{3}$ 约为0.33cm，纵轴取 $\frac{3}{4} \times \frac{臀围档差}{4}$ 为0.95cm |
| E | 后横裆点 | 单向放码点，纵轴取 $\frac{1}{4} \times \frac{臀围档差}{4} + \frac{臀围档差}{10}$ 为0.8cm |
| F | 侧横裆点 | 单向放码点，纵轴与后横裆点一致取0.8cm |
| G | 后膝围点 | 下裆长档差为6cm，因此，后膝围点横轴按位置比例取2.5cm，纵轴按位置取0.6cm |
| H | 侧膝围点 | 下裆长档差为6cm，因此，侧膝围点横轴按位置比例取2.5cm，纵轴按位置取0.6cm |
| I | 后裤口点 | 横轴取裤长档差 – 上裆档差为6cm，纵轴取 $\frac{裤口围档差}{4}$ 为0.25cm |
| J | 侧裤口点 | 横轴取裤长档差 – 上裆档差为6cm，纵轴取 $\frac{裤口围档差}{4}$ 为0.25cm |

**4. 儿童休闲裤零部件样板缩放**

腰头样板缩放时，宽度保持不变，长度依腰头分段情况而定。当腰头不分段时，档差为3cm；当腰头在后中分段时，左右片腰头档差分别为1.5cm；当腰头在腰两侧分段时，则后片腰头档差为1.5cm，左右前片腰头档差各为0.75cm。总之，档差之和应等于腰围总档差3cm。

口袋布长度缩放1cm，靠腰线处宽度缩放0.3cm，袋兜宽度缩放0.7cm。垫袋布宽度缩放0.15cm，长度缩放0.5cm。

裤口贴边长度与裤口宽度一致，缩放0.5cm，宽度不变。

# 第二节　儿童背带裤制板

## 一、款式描述

　　女童背带裤，腰线抬高，腰两侧车松紧带；前裤片设立体贴袋，后胸片设立体大贴袋；后臀开双向拉链，便于上厕所时不用将裤子脱下；裤口环带既是装饰也可将裤脚收紧，如图6-4所示。

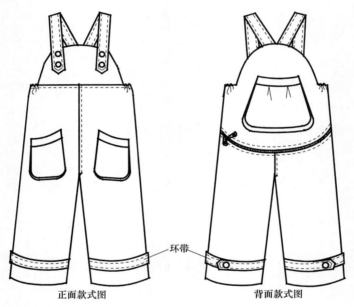

正面款式图　　　　　　　　背面款式图

图6-4　儿童背带裤款式图

## 二、规格表（表6-6）

表6-6　儿童背带裤成品尺寸表　　　　　　　　单位：cm

| 尺寸 号型<br>部位 | 90/46 | 100/49 | 110/52 | 120/55 | 130/58 | 档差 |
|---|---|---|---|---|---|---|
| 裤总长（不包括肩带） | 69 | 77.5 | 86 | 94.5 | 103 | 8.5 |
| 肩带总长 | 27 | 28.5 | 30 | 31.5 | 33 | 1.5 |
| 前胸片长 | 12 | 13 | 14 | 15 | 16 | 1 |
| 上　档（含腰头） | 27 | 28 | 29 | 30 | 31 | 1 |
| 下　档 | 31 | 37 | 43 | 49 | 55 | 6 |
| 臀　围 | 73 | 78 | 83 | 88 | 93 | 5 |
| 裤口围 | 36 | 37 | 38 | 39 | 40 | 1 |

## 三、结构制图

### 1. 中间号型制图尺寸表

取中间号型为110/52，制图尺寸见表6-7。

表6-7　儿童背带裤中间号型制图尺寸表　　　　　　　　　　单位：cm

| 部位 | 裤总长（不包括肩带） | 肩带总长 | 前胸片长 | 上裆 | 下裆 | 臀围（H） | 裤口围 |
|---|---|---|---|---|---|---|---|
| 成品尺寸 | 86 | 30 | 14 | 29 | 43 | 83 | 38 |
| 缝缩量 | 2 | 0.5 | 0.5 | 0.5 | 1 | 2 | 1 |
| 结构尺寸 | 88 | 30.5 | 14.5 | 29.5 | 44 | 85 | 39 |

### 2.儿童背带裤中间号型结构制图（图6-5）

## 四、样板缩放（图6-6）

### 1. 儿童背带裤前裤片样板缩放

坐标选定：前裤片以烫迹线为横轴，横裆线为纵轴，各控制点缩放值见表6-8。

表6-8　儿童背带裤前裤片样板缩放值说明表

| 部位代码 | 部位名称 | 缩放值说明 |
|---|---|---|
| A | 前腰点 | 横轴取上裆档差为1cm，纵轴取 $\frac{2}{5} \times \frac{腰围档差}{4}$ 为0.3cm |
| B | 侧腰点 | 横轴取上裆档差为1cm，纵轴取 $\frac{3}{5} \times \frac{腰围档差}{4}$ 为0.45cm |
| C | 前臀围点 | 横轴取 $\frac{上裆档差}{3}$ 约为0.33cm，纵轴取 $\frac{2}{5} \times \frac{臀围档差}{4}$ 为0.5cm |
| D | 侧臀围点 | 横轴取 $\frac{上裆档差}{3}$ 约为0.33cm，纵轴取 $\frac{3}{5} \times \frac{臀围档差}{4}$ 为0.75cm |
| E | 前横裆点 | 单向放码点，纵轴取 $\frac{2}{5} \times \frac{臀围档差}{4} + \frac{臀围档差}{20}$ 为0.75cm |
| F | 侧横裆点 | 单向放码点，纵轴与前横裆点一致取0.75cm |
| G | 前膝围点 | 下裆长档差为6cm，因此，前膝围点横轴按位置比例取2.5cm，纵轴按位置取0.6cm |
| H | 侧膝围点 | 下裆长档差为6cm，因此,侧膝围点横轴按位置比例取2.5cm，纵轴按位置取0.6cm |
| I | 前裤口点 | 横轴取下裆长档差为6cm，纵轴取 $\frac{裤口围档差}{4}$ 为0.25cm |
| J | 侧裤口点 | 横轴取下裆长档差为6cm，纵轴取 $\frac{裤口围档差}{4}$ 为0.25cm |

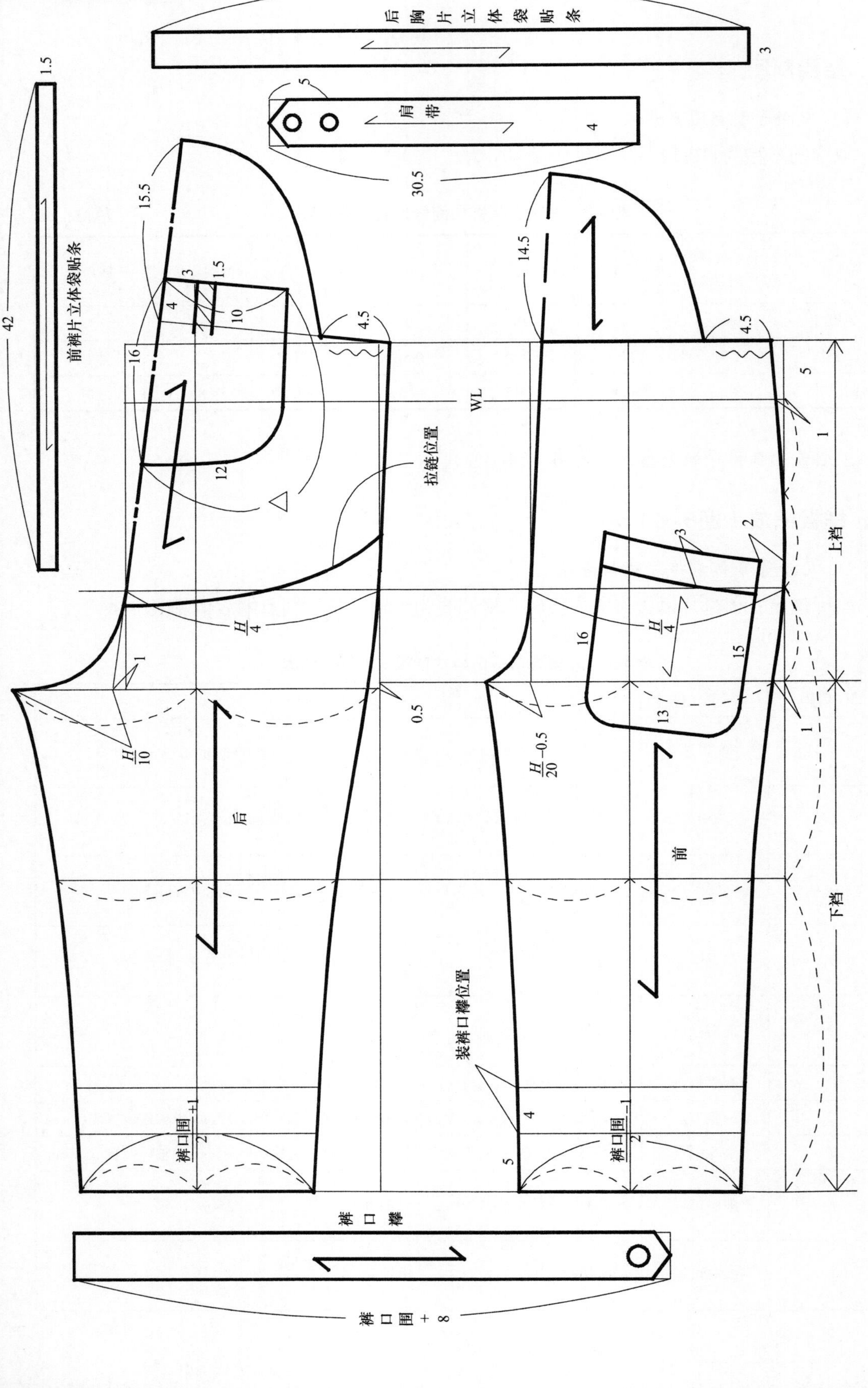

后胸片立体袋贴条

2△

3

肩带

5

30.5

4

前裤片立体袋贴条

42

1.5

15.5

3
1.5
4
10
16

4.5

12

△

拉链位置

WL

$\frac{H}{4}$

后

$\frac{H}{10}$

1

0.5

装裤口襻位置

裤口襻

$\frac{裤口围}{2}+1$

14.5

4.5

5

1

上裆

2
3

16

$\frac{H}{4}$

15

13

前

$\frac{H}{20}-0.5$

1

下裆

4

5

$\frac{裤口围}{2}-1$

裤口襻

$\frac{裤口围}{2}+8$

图6-5 儿童背带裤中间号型结构制图

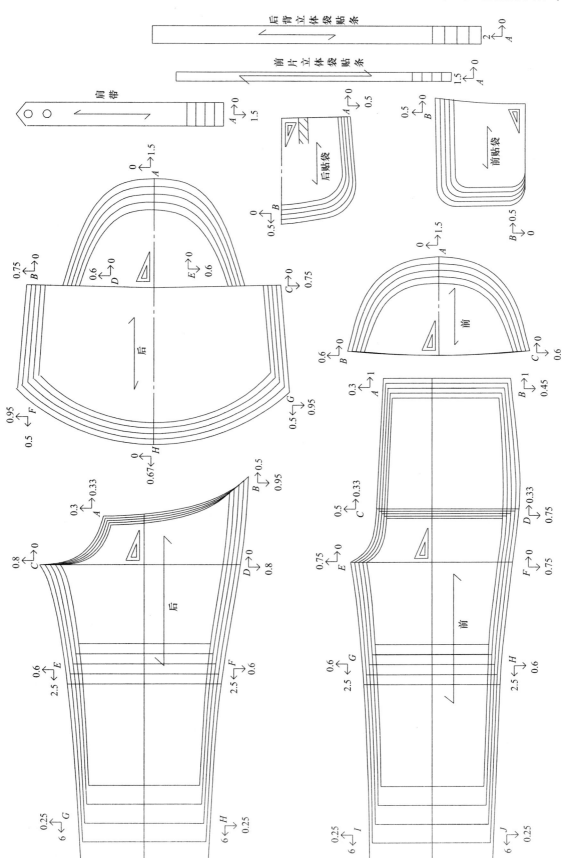

图6-6 儿童背带裤样板缩放图

### 2. 儿童休闲裤前胸片样板缩放

坐标选定：前胸片以前中心线为横轴，腰线为纵轴，各控制点缩放值见表6-9。

表6-9 儿童背带裤前胸片样板缩放值说明表

| 部位代码 | 部位名称 | 缩放值说明 |
|:---:|:---:|:---|
| A | 胸片上端点 | 单向放码点，横轴取 1.5cm |
| B | 胸片右端点 | 单向放码点，纵轴取 0.6cm |
| C | 胸片左端点 | 单向放码点，纵轴取 0.6cm |

### 3. 儿童休闲裤后裤片下半段样板缩放

坐标选定：后裤片下半段以烫迹线为横轴，横裆线为纵轴，各控制点缩放值见表6-10。

表6-10 儿童背带裤后裤片样板缩放值说明表

| 部位代码 | 部位名称 | 缩放值说明 |
|:---:|:---:|:---|
| A | 后臀分割点 | 横轴取 $\dfrac{上裆档差}{3}$ 约为0.33cm，纵轴取 $\dfrac{1}{4} \times \dfrac{臀围档差}{4}$ 为0.3cm |
| B | 侧缝分割点 | 横轴取 $\dfrac{上裆档差}{2}$ 0.5cm，纵轴取 $\dfrac{3}{4} \times \dfrac{臀围档差}{4}$ 约0.95cm |
| C | 后横裆点 | 单向放码点，纵轴取 $\dfrac{1}{4} \times \dfrac{臀围档差}{4} + \dfrac{臀围档差}{10}$ 为0.8cm |
| D | 侧横裆点 | 单向放码点，纵轴与后横裆点一致取0.8cm |
| E | 后膝围点 | 下裆长档差为6cm，因此，后膝围点横轴按位置比例取2.5cm，纵轴按位置取0.6cm |
| F | 侧膝围点 | 下裆长档差为6cm，因此，侧膝围点横轴按位置比例取2.5cm，纵轴按位置取0.6cm |
| G | 后裤口点 | 横轴取下裆长档差为6cm，纵轴取 $\dfrac{裤口围档差}{4}$ 为0.25cm |
| H | 侧裤口点 | 横轴取下裆长档差为6cm，纵轴取 $\dfrac{裤口围档差}{4}$ 为0.25cm |

### 4. 儿童背带裤后裤片上半段样板缩放

坐标选定：后裤片上半段以后中线为横轴，腰线为纵轴，各控制点缩放值见表6-11。

表6-11 儿童背带裤后裤片上半段样板缩放值说明表

| 部位代码 | 部位名称 | 缩放值说明 |
|:---:|:---:|:---|
| A | 后背上端点 | 单向放码点，衣长档差为4cm，因此，横轴按比例取1.5cm |
| B | 腰线左端点 | 单向放码点，纵轴取 $\dfrac{腰围档差}{4}$ 为0.75cm |

| 部位代码 | 部位名称 | 缩放值说明 |
|---|---|---|
| C | 腰线右端点 | 单向放码点，纵轴取 $\dfrac{腰围档差}{4}$ 为 0.75cm |
| D | 后背片左端点 | 单向放码点，纵轴按位置比例取 0.6cm |
| E | 后背片右端点 | 单向放码点，纵轴按位置比例取 0.6cm |
| F | 左侧臀点 | 横轴取 $\dfrac{上裆档差}{2}$ 为 0.5cm，纵轴取 $\dfrac{3}{4} \times \dfrac{臀围档差}{4}$ 约为 0.95cm |
| G | 右侧臀点 | 横轴取 $\dfrac{上裆档差}{2}$ 为 0.5cm，纵轴取 $\dfrac{3}{4} \times \dfrac{臀围档差}{4}$ 约为 0.95cm |
| H | 后臀点 | 单向放码点，横轴取 $\dfrac{2}{3} \times$ 上裆档差约 0.67cm |

**5. 儿童背带裤零部件样板缩放**

前片立体贴袋长、宽各缩放0.5cm。后背立体贴袋的一半也是长、宽各缩放0.5cm。前片立体袋贴条保持宽度不变，长度缩放值根据口袋左右两边及下边的长度之和取1.5cm。后背立体袋贴条也是保持宽度不变，长度缩放值根据口袋左右两边及下边的长度之和取2cm。肩带保持宽度不变，长度缩放值取1.5cm。

# 第三节　儿童衬衫制板

## 一、款式描述

小圆领，四粒扣，装袖，袖口适当收褶，衣片上可绣花或贴花做装饰，如图6-7所示。

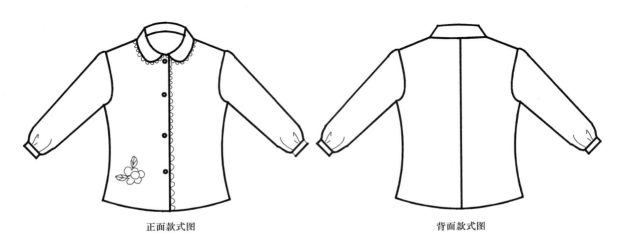

正面款式图　　　　　　　　背面款式图

图6-7　儿童衬衫款式图

## 二、规格表（表6-12）

表6-12　儿童衬衫成品尺寸表　　　　　　　　　　单位：cm

| 尺寸部位＼号型 | 90/48 | 100/52 | 110/56 | 120/60 | 130/64 | 档差 |
|---|---|---|---|---|---|---|
| 衣　长 | 36 | 40 | 44 | 48 | 52 | 4 |
| 腰节长 | 23 | 25 | 27 | 29 | 31 | 2 |
| 胸　围 | 64 | 68 | 72 | 76 | 80 | 4 |
| 领　围 | 25.2 | 26 | 26.8 | 27.6 | 28.4 | 0.8 |
| 肩　宽 | 27.2 | 29 | 30.8 | 32.6 | 34.4 | 1.8 |
| 袖　长 | 29 | 32 | 35 | 38 | 41 | 3 |
| 袖口围 | 11 | 12 | 13 | 14 | 15 | 1 |

## 三、结构制图

### 1. 中间号型制图尺寸表

取中间号型为110/56，制图尺寸见表6-13。

表6-13　儿童衬衫中间号型制图尺寸表　　　　　　　　单位：cm

| 部位 | 衣长 | 腰节长 | 胸围（$B$） | 领围（$N$） | 肩宽（$S$） | 袖长 | 袖口围 |
|---|---|---|---|---|---|---|---|
| 成品尺寸 | 44 | 27 | 72 | 26.8 | 30.8 | 35 | 13 |
| 缝缩量 | 1 | 0.5 | 1.5 | 0.5 | 0.6 | 0.7 | 0 |
| 制图尺寸 | 45 | 27.5 | 73.5 | 27.3 | 31.4 | 35.7 | 13 |

### 2. 儿童衬衫中间号型结构制图（图6-8）

## 四、样板缩放（图6-9）

### 1. 儿童衬衫前衣片样板缩放

坐标选定：前衣片以前中线为横轴，胸围线为纵轴，各控制点缩放值见表6-14。

表6-14　儿童衬衫前衣片样板缩放值说明表

| 部位代码 | 部位名称 | 缩放值说明 |
|---|---|---|
| $A$ | 肩端点 | 横轴取 1cm，纵轴取 $\dfrac{肩宽档差}{2}$ 为 0.9cm |
| $B$ | 颈肩点 | 横轴取 1cm，纵轴取 $\dfrac{领围档差}{5}$ 为 0.16cm |

| 部位代码 | 部位名称 | 缩放值说明 |
|---|---|---|
| C | 前颈窝点 | 单向放码点，横轴取颈肩点档差 $-\dfrac{领围档差}{5}$ 为 0.84cm |
| D | 前胸围侧缝点 | 单向放码点，纵轴取 $\dfrac{胸围档差}{4}$ 为 1cm |
| E | 前腰围侧缝点 | 横轴取腰节长档差 $-$ 颈肩点档差为 1cm，纵轴取 $\dfrac{胸围档差}{4}$ 为 1cm |
| F | 前中线腰围点 | 单向放码点，横轴取腰节长档差 $-$ 肩端点档差为 1cm |
| G | 前下摆侧缝点 | 横轴取衣长档差 $-$ 颈肩点档差为 3cm，纵轴与前胸围侧缝点一致取 1cm |
| H | 前中线下摆点 | 单向放码点，横轴与前下摆侧缝点一致取 3cm |

### 2．儿童衬衫后衣片样板缩放

坐标选定：后衣片以后中线为横轴，胸围线为纵轴，各控制点缩放值见表6-15。

**表6-15　儿童衬衫后衣片样板缩放值说明表**

| 部位代码 | 部位名称 | 缩放值说明 |
|---|---|---|
| A | 肩端点 | 横轴取 1cm，纵轴取 $\dfrac{肩宽档差}{2}$ 为 0.9cm |
| B | 颈肩点 | 横轴取 1cm，纵轴取 $\dfrac{领围档差}{5}$ 为 0.16cm |
| C | 第七颈椎点 | 单向放码点，横轴取 1cm |
| D | 后胸围侧缝点 | 单向放码点，纵轴取 $\dfrac{胸围档差}{4}$ 为 1cm |
| E | 后中心腰围点 | 单向放码点，横轴取腰节长档差 $-$ 颈肩点档差为 1cm |
| F | 后腰围侧缝点 | 横轴取腰节长档差 $-$ 颈肩点档差为 1cm，纵轴取 $\dfrac{胸围档差}{4}$ 为 1cm |
| G | 后中心下摆点 | 单向放码点，横轴取衣长档差 $-$ 颈肩点档差为 3cm |
| H | 后下摆侧缝点 | 横轴取衣长档差 $-$ 颈肩点档差为 3cm，纵轴与后胸围侧缝点一致取 1cm |

### 3．儿童衬衫领子样板缩放

领子的系列样板以后领中线为坐标，保持宽度不变，长度方向的缩放值取 $\dfrac{领围档差}{2}$ 为0.4cm。

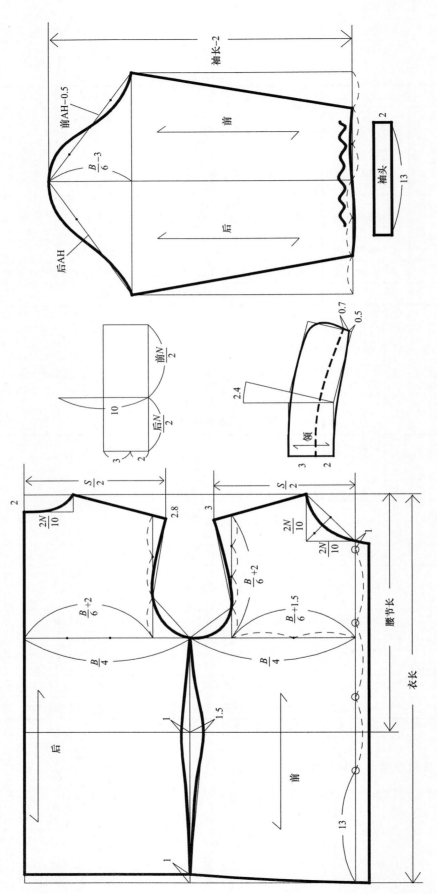

图6-8 儿童衬衫中间号型结构制图

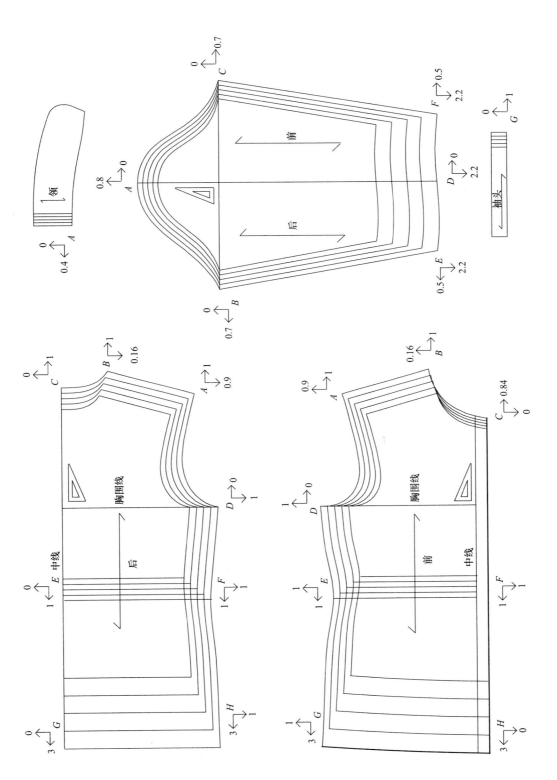

图6-9　儿童衬衫样板缩放图

### 4. 儿童衬衫袖子样板缩放

坐标选定：袖子以袖山线为横轴，袖中线为纵轴，各控制点缩放值见表6-16。

表6-16 儿童衬衫袖子样板缩放值说明表

| 部位代码 | 部位名称 | 缩放值说明 |
|---|---|---|
| A | 袖顶点 | 单向放码点，纵轴取袖窿深档差 $\times \dfrac{5}{6}$ 约为 0.8cm |
| B | 后袖肥点 | 单向放码点，横轴取 $\dfrac{胸围档差}{6}$ 约为 0.7cm |
| C | 前袖肥点 | 单向放码点，横轴取 $\dfrac{胸围档差}{6}$ 约为 0.7cm |
| D | 袖口中点 | 单向放码点，纵轴取袖长档差 − 袖顶点档差为 2.2cm |
| E | 后袖口点 | 横轴取 $\dfrac{袖口围档差}{2}$ 为 0.5cm，纵轴取袖长档差 − 袖顶点档差为 2.2cm |
| F | 前袖口点 | 横轴取 $\dfrac{袖口围档差}{2}$ 为 0.5cm，纵轴取袖长档差 − 袖顶点档差为 2.2cm |
| G | 袖克夫 | 单向放码点，横轴取袖口围档差 1cm |

# 第四节　儿童夹克制板

## 一、款式描述

带帽夹克，装袖，前拉链，斜插袋，袖口和衣下摆采用罗纹针织面料，如图6-10所示。

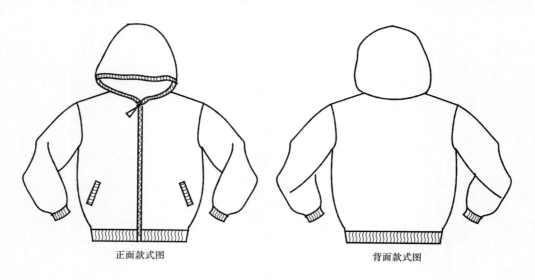

正面款式图　　　　　　背面款式图

图6-10　儿童夹克款式图

## 二、规格表（表6-17）

表6-17 儿童夹克成品尺寸表 单位：cm

| 尺寸<br>部位 ＼ 号型 | 90/48 | 100/52 | 110/56 | 120/60 | 130/54 | 档差 |
|---|---|---|---|---|---|---|
| 衣　长 | 34 | 38 | 42 | 46 | 50 | 4 |
| 胸　围 | 70 | 74 | 78 | 82 | 86 | 4 |
| 领　围 | 25.2 | 26 | 26.8 | 27.6 | 28.4 | 0.8 |
| 肩　宽 | 28.4 | 30.2 | 32 | 33.8 | 35.6 | 1.8 |
| 袖　长 | 29 | 32 | 35 | 38 | 41 | 3 |
| 袖口围 | 12 | 13 | 14 | 15 | 16 | 1 |

## 三、结构制图

### 1. 中间号型制图尺寸表

取中间号型为110/56，制图尺寸见表6-18。

表6-18 儿童夹克中间号型制图尺寸表 单位：cm

| 部位 | 衣长 | 胸围（$B$） | 领围（$N$） | 肩宽（$S$） | 袖长 | 袖口围 |
|---|---|---|---|---|---|---|
| 成品尺寸 | 42 | 78 | 26.8 | 32 | 35 | 14 |
| 缝缩量 | 1 | 1.5 | 0.5 | 0.6 | 0.7 | 0 |
| 制图尺寸 | 43 | 79.5 | 27.3 | 32.6 | 35.7 | 14 |

### 2. 儿童夹克中间号型结构制图（图6-11）

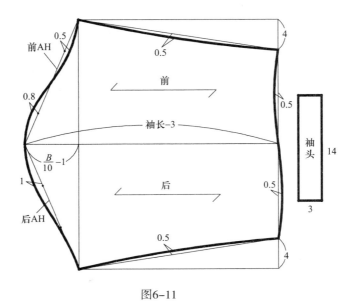

图6-11

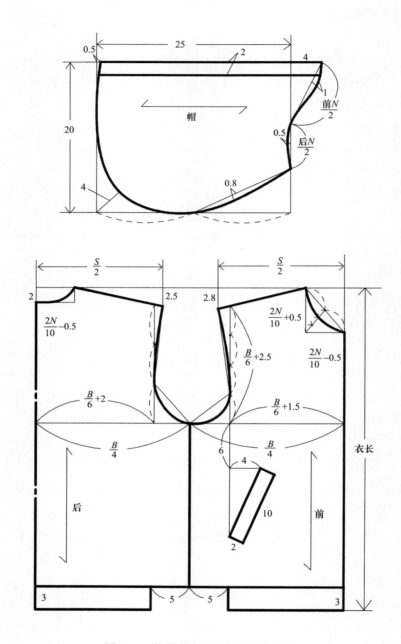

图6-11　儿童夹克中间号型结构制图

## 四、样板缩放（图6-12）

### 1. 儿童夹克前衣片样板缩放

坐标选定：前衣片以前中线为横轴，胸围线为纵轴，各控制点缩放值见表6-19。

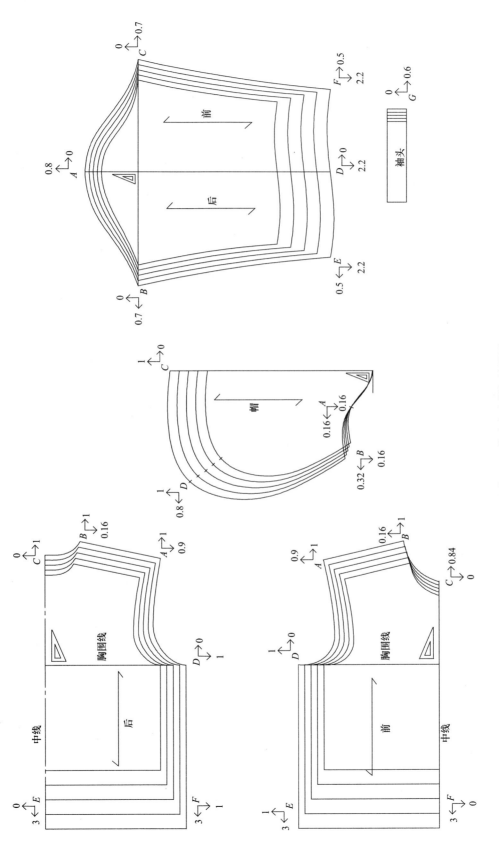

图6-12 儿童夹克样板缩放图

表6-19　儿童夹克前衣片样板缩放值说明表

| 部位代码 | 部位名称 | 缩放值说明 |
|---|---|---|
| A | 肩端点 | 横轴取 1cm，纵轴取 $\dfrac{肩宽档差}{2}$ 为 0.9cm |
| B | 颈肩点 | 横轴取 1cm，纵轴取 $\dfrac{领围档差}{5}$ 为 0.16cm |
| C | 前颈窝点 | 单向放码点，横轴取颈肩点档差 − $\dfrac{领围档差}{5}$ 为 0.84cm |
| D | 前胸围侧缝点 | 单向放码点，纵轴取 $\dfrac{胸围档差}{4}$ 为 1cm |
| E | 前下摆侧缝点 | 横轴取（衣长档差 − 颈肩点档差）为 3cm，纵轴与前胸围侧缝点一致取 1cm |
| F | 前中心下摆点 | 单向放码点，横轴与前下摆侧缝点一致取 3cm |

**2. 儿童夹克后衣片样板缩放**

坐标选定：后衣片以后中线为横轴，胸围线为纵轴，各控制点缩放值见表6-20。

表6-20　儿童夹克后衣片样板缩放值说明表

| 部位代码 | 部位名称 | 缩放值说明 |
|---|---|---|
| A | 肩端点 | 横轴取 1cm，纵轴取 $\dfrac{肩宽档差}{2}$ 为 0.9cm |
| B | 颈肩点 | 横轴取 1cm，纵轴取 $\dfrac{领围档差}{5}$ 为 0.16cm |
| C | 第七颈椎点 | 单向放码点，横轴取 1cm |
| D | 后胸围侧缝点 | 单向放码点，纵轴取 $\dfrac{胸围档差}{4}$ 为 1cm |
| E | 后中心下摆点 | 单向放码点，横轴取衣长档差 − 颈肩点档差为 3cm |
| F | 后下摆侧缝点 | 横轴取衣长档差 − 颈肩点档差为 3cm，纵轴与后胸围侧缝点一致取 1cm |

**3. 儿童夹克帽子样板缩放**

坐标选定：帽子在前颈窝点处画横线作为辅助线为横轴，前边缘线为纵轴，各控制点缩放值见表6-21。

表6-21 儿童夹克帽子样板缩放值说明表

| 部位代码 | 部位名称 | 缩放值说明 |
|---|---|---|
| A | 颈肩点 | 横轴取 $\dfrac{领围档差}{5}$ 为 0.16cm，纵轴取 $\dfrac{领围档差}{5}$ 为 0.16cm |
| B | 第七颈椎点 | 横轴取 $2 \times \dfrac{领围档差}{5}$ 为 0.32cm，纵轴取 $\dfrac{领围档差}{5}$ 为 0.16cm |
| C | 前上顶点 | 单向放码点，纵轴取 1cm |
| D | 后顶点 | 横轴取 0.8cm，纵轴取 1cm |

### 4. 儿童夹克袖子样板缩放

坐标选定：袖子以袖山线为横轴，袖中线为纵轴，各控制点缩放值见表6-22。

表6-22 儿童夹克袖子样板缩放值说明表

| 部位代码 | 部位名称 | 缩放值说明 |
|---|---|---|
| A | 袖顶点 | 单向放码点，纵轴取袖窿深档差 $\times \dfrac{5}{6}$ 约为 0.8cm |
| B | 后袖肥点 | 单向放码点，横轴取 $\dfrac{胸围档差}{6}$ 约为 0.7cm |
| C | 前袖肥点 | 单向放码点，横轴取 $\dfrac{胸围档差}{6}$ 约为 0.7cm |
| D | 袖口中点 | 单向放码点，纵轴取袖长档差 – 袖顶点档差为 2.2cm |
| E | 后袖口点 | 横轴取 $\dfrac{袖口围档差}{2}$ 为 0.5cm，纵轴取袖长档差 – 袖顶点档差为 2.2cm |
| F | 前袖口点 | 横轴取 $\dfrac{袖口围档差}{2}$ 为 0.5cm，纵轴取袖长档差 – 袖顶点档差为 2.2cm |
| G | 袖头 | 单向放码点，横轴取 0.6cm（罗纹织物取值比正常袖口围档差小） |

## 本章小结

1. 各类儿童裤装的制板，包括规格设置、结构图绘制、档差设定及各裤片的推档放缩。

2. 各类儿童上装的制板，包括规格设置、结构图绘制、档差设定及各衣片的推档放缩。

## 练习题

1. 完成一款童裤1：1的制板。
2. 完成一款儿童衬衣裤1：1的制板。
3. 完成一款儿童夹克1：1的制板。

# 理论与实训——

## 服装排料

课题名称：服装排料

课题内容：1．服装排料基础知识

　　　　　2．服装排料实例

课题时间：6课时

教学目的：1．掌握服装排料的原则。

　　　　　2．了解服装排料的方法与步骤。

　　　　　3．了解服装用料估算。

　　　　　4．掌握各款式服装样板的排料。

教学重点：各款式服装样板的排料。

教学要求：1．展示企业的手工排料图与计算机排料图。

　　　　　2．详细讲解排料的原则、方法与步骤。

　　　　　3．举例详细演示如何排料。

　　　　　4．让学生独立完成几款服装样板的排料作业。

# 第七章　服装排料

## 第一节　服装排料基础知识

排料，又称排板，是指将服装的衣片样板在规定的面料幅宽内合理排放的过程，即将纸样依工艺要求（正反面，倒顺向，对条、格、花等）形成紧密啮合的不同形状的排列组合，以期最经济地使用布料，达到降低产品成本的目的。排料是进行铺料和裁剪的前提。通过排料，可知道用料的准确长度和样板的精确摆放次序，为铺料和裁剪提供依据。所以，排料工作对面料的消耗、裁剪的难易、服装的质量都有直接影响，是一项技术性很强的工艺操作。

### 一、服装排料的原则

#### 1. 保证设计质量，符合工艺要求

（1）丝缕正直：在排料时要严格按照技术科的要求，认真注意丝缕的正直。绝不允许为了省料而自行改变丝缕方向，当然在规定的技术误差标准内是允许的。因为丝缕是否正直，直接关系到成形后的衣服是否平整挺括，不走样，穿着是否舒适美观。

（2）正反面正确：服装面料有正反面之分，且服装上许多衣片具有对称性。因此排料要结合铺料方式（单向、双向），既要保证面料正反一致，又要保证衣片的对称。

（3）对条、对格，有倒顺毛、倒顺图案面料的排料：

①对条、对格面料处理：服装款式设计时，对于条格面料，为使成衣后服装达到外形美观，都会提出一定的要求，如两衣片相接后，条格连贯衔接，如同一片完整面料；有的要求两衣片相接后条格对称；也有的要求两衣片相接后条格相互成一定角度。

②倒顺毛面料处理：表面起毛或起绒的面料，沿经向毛绒的排列就具有方向性。如灯芯绒面料一般应倒毛排料，使成衣颜色偏深；粗纺类毛呢面料，如大衣呢、花呢、绒类面料，为防止光线反射不一致，并且不易沾灰尘、起球，一般应顺毛排料。

③倒顺图案面料处理：这些面料的图案有方向性，如花草树木、建筑物、动物等，不是四方连续，如果面料方向放错了，图案就会头脚倒置。

（4）避免色差：布料在印、染、整理过程中，可能存在色差，进口面料质量较好，色差很少，而国产面料色差往往较严重。通常整件服装的排料基本上是排在一起的，所谓的要避免色差，主要是指边色差。当服装有对色要求时，那么上衣就要求破侧缝，这样在侧缝处、门襟处就不会有色差，成连缝过渡。另外，重要部位的裁片应放在中间，因为中间大部分区域往往色差不严重，色差主要在布边几十厘米的地方。有段色差的面料，排料时应将相组合的部件尽可能排在同一纬向上，同件衣服的各片，排列时不应前后间隔太大，距离越大，色差程度就会越大。

（5）核对样板块数，不准遗漏：要严格按照样板及面辅料清单进行检查。

### 2. 节约用料

在保证设计和制作工艺要求的前提下，尽量减少面料的用量是排料时应遵循的重要原则，也是工业化批量生产用料省的最大原因。

服装的成本很大程度上在于面料的用量多少，而决定面料用量多少的关键就是排料方法。如何通过排料找出用料最省的样板排放形式，很大程度要靠经验和技巧。

（1）先大后小：排料时先将主要部件和较大的样板排好，然后再把零部件和较小的样板排插在大片样板的间隙中，即小样板填排。

（2）套排紧密：根据衣片和零部件的边缘轮廓，采用平对平、斜对斜、凹对凸的方法进行合理套排，并使两头排齐，减少空隙，充分提高原料的利用率。

（3）缺口合并：如果将前后衣片的袖窿排在一起，就可以裁一片口袋布；如将这两片分开排料，则变成较小的两块余料，可能毫无用处。缺口合并的目的是将零碎余料合并在一起，用来裁零料等小片样板，提高面料的利用率。

（4）大小搭配：将同一裁床上规格不同的样板相互搭配，如有S、M、L、XL、XXL五种规格，一般采用以L码为中间码，M与XL搭配排料，S与XXL搭配排料的方式，原因是一方面技术部门用中间号来核料，其他两种搭配用料基本同中间号，这样，有利于裁剪车间核料，控制用料。另一方面，大配小，如同凹对凸一样，有利于节约成本。

（5）一般情况下，排料长度越长，越有利于节约面料。因为长度长，有利于紧密套排，也可以减少段料损耗，铺料时头尾两边的损耗也可以减少。但是，排料也不能太长，因为排料长度受裁床长度限制，还有排料越长，拉布难度越大。一般情况下，排料长度以6m为宜。

## 二、服装排料的方法

依照排板的方向性，有下列四种排料方法：

### 1. 单向排料

单向排料是指所有样板都朝同一方向排列。这种方法的优点是没有布纹方向所引起的色差、外观差异等顾虑，品质较佳；缺点是用布量较多，据统计布料使用率约为77%～79%。此种方法只在布纹方向明显及外观花格限制条件下使用。

2. **双向排料**

此种排料方法是指样板在排列时，可以任意朝向一方或相对的一方。这种排料方法通常用在对称性的布料上，不必考虑布纹的方向及反方向的感光色差情形，用布量较省，布料使用率约为81%～83%。

3. **分向排料**

指排料时将某些尺码的全部样板朝向一方，而另一些尺码的全部样板朝向另一方。这种方法排料比较方便，但成品品质不一，布料的使用率介于单向排料和双向排料之间，约为80%～83%。

4. **任向排料**

指排料时不考虑任何方向性，任意排板。这种方法大都应用在没有布纹方向的非织造布上，其布料使用率约为87%～100%。

## 三、服装排料的步骤

（1）检查整套纸样与生产样板是否相同，检查纸样的数量是否正确。

（2）检查面料幅宽。

（3）根据剪裁方案取其所需尺码的纸样进行排料。

（4）取出排料纸，用笔画出与对应布边的纸边垂直的布头线，然后画出排料的宽度线。

（5）先放最大块或最长的纸样在排料纸上，剩余空间放上适当的细小纸样，并注意纸样上的丝缕方向。

（6）在排板结束时，各纸样尽量齐口，然后画上与布边垂直的结尾线。

（7）重复检查排料图，不能有任何纸样遗漏。

（8）在排料纸的一端写上制单号、款号、幅宽、尺码、件数、排料长度、拉布方法和利用率等有关数据。

（9）排料图交主管及品管人员复核。

## 四、服装用料估算

在实际加工生产中，分为针织和机织服装用料估算。

1. **机织物常用到服装面料单耗量的计算方法**

（1）经验性判定：主要用于个体经营户，根据经验给出服装单件的大体用量。

（2）公式计算：主要用于服装单件加工，用长度公式加上一个调节量获得。

（3）根据样衣裁片计算：又称"面积计算法"，在外贸服装加工企业或公司，客户提供成品样衣给生产商，生产商可以根据中间规格单件样衣总裁片相加后得出总面积，除以面料幅宽，得出服装的单耗量，再追加一定数量的额外损耗。

（4）规格计算法：规格计算法就是根据成品规格表中的中间号或大小号均码的规格

尺寸，加上成品需用缝份量，计算出单件服装的面积，再除以幅宽得出单耗量，同样追加一定数量的额外损耗。

（5）样板计算法：选出中间号样板或大小号样板各一套，在案板上划定面料幅宽，把毛份样板按照排板的规则合理套排，最终把尾端取齐。测量出板长两端标线的长度距离，除以参与排板服装的件数得出服装的单耗量，同样再追加一定数量的额外损耗。

（6）计算机排料法（图7-1）：可以按生产需要，把裁剪计划中所有样板输入计算机进行自动排料，在工作窗口中显示服装的面料利用率、板皮总长、单耗量，再追加一定数量的额外损耗。

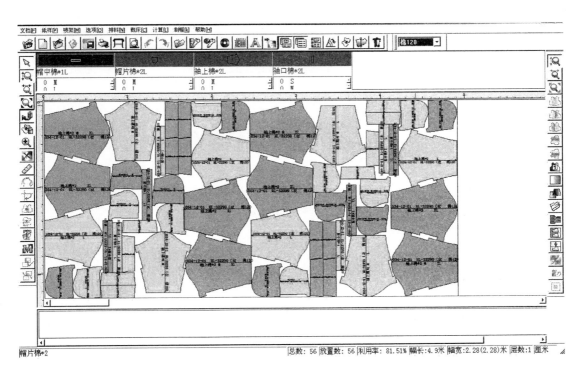

图7-1　计算机排料

另外，在计算有阴阳格子的面料单耗时，服装单耗量需在原计算获得的数据基础上，再增加1.5倍的格子长量；有倒顺格子的面料需增加2.5倍的格子长量。

**2. 针织服装用料主要采用重量和面积两种计算方法**

（1）主料计算：成衣单件用料面积为（幅宽×段长）÷［每段长内成品件数×（1-段耗率）］= m²/件

（2）服装面料单件用料面积的重量（g/m²）×服装需用面积数=每件服装的用量重量。

（3）辅料计算：由于罗纹坯布拉伸性好，很难以平方米干重来计算考核单件用量，企业一般用罗纹加工机针数及所用纱线品种作为计算依据，确定每平方米的干燥重量，然后，计算每件成品耗用各种罗纹坯布的长度及重量。

领口的罗纹长度=（领口罗纹规格+0.75cm缝耗+0.75cm扩张回缩）×2（层数）

袖口的罗纹长度=（袖口罗纹规格+0.75cm缝耗+0.75cm扩张回缩）×2（层数）

裤口的罗纹长度=（裤口罗纹规格+0.75cm缝耗+0.75cm扩张回缩）×2（层数）

（4）整件服装辅料用料=成品各零部件耗用坯布面积总和（包括裁耗）。

（5）用料计算中常用面料的回潮率见表7-1。

表7-1　常用面料的回潮率

| 名称 | 棉 | 羊毛 | 真丝 | 苎麻 | 亚麻 | 黏胶 | 锦纶 | 腈纶 | 涤纶 | 维纶 | 氯纶 |
|---|---|---|---|---|---|---|---|---|---|---|---|
| 回潮率 | 8.5 | 15 | 11 | 10 | 12 | 13 | 4.5 | 2 | 0.4 | 5 | 0 |

# 第二节　服装排料实例

## 一、西装裙排料

1. 西装裙缝份加放及省道处的钻眼、刀眼（图7-2）

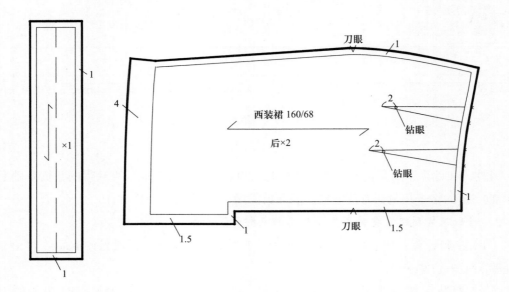

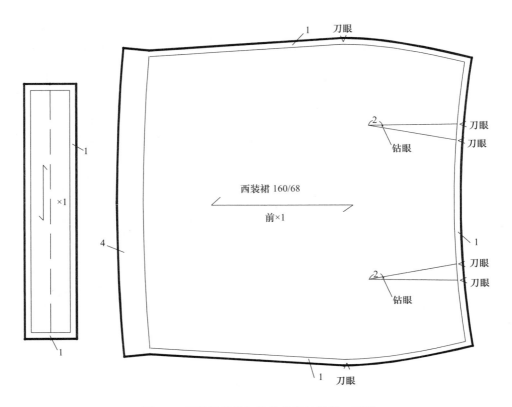

图7-2　西装裙缝份加放及省道处钻眼、刀眼

2. 西装裙里布毛板（图7-3）

3. 单件西装裙面布排板（图7-4）

## 二、男西裤排料

1. 四个不同型号的男西裤面布排板（图7-5）

2. 四个不同型号的男西裤里布排板（图7-6）

## 三、三个不同型号的女西服面布排料（图7-7）

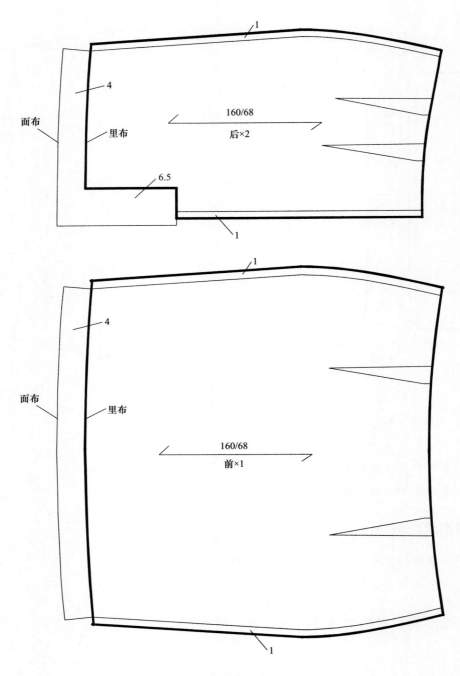

图7-3　西装裙里布毛板

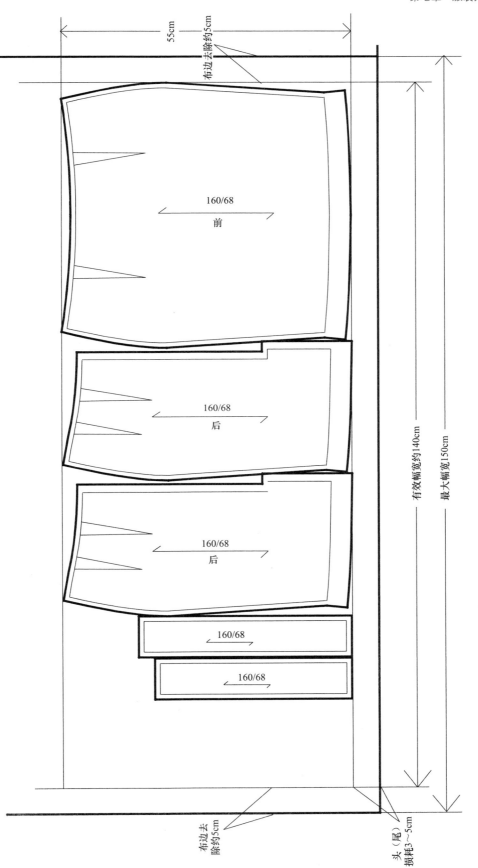

55cm

布边去除约5cm

160/68
前

160/68
后

160/68
后

160/68

160/68

有效幅宽约140cm

最大幅宽150cm

布边去除约5cm

头（尾）损耗约3～5cm

图7-4 单件西装裙面布排板

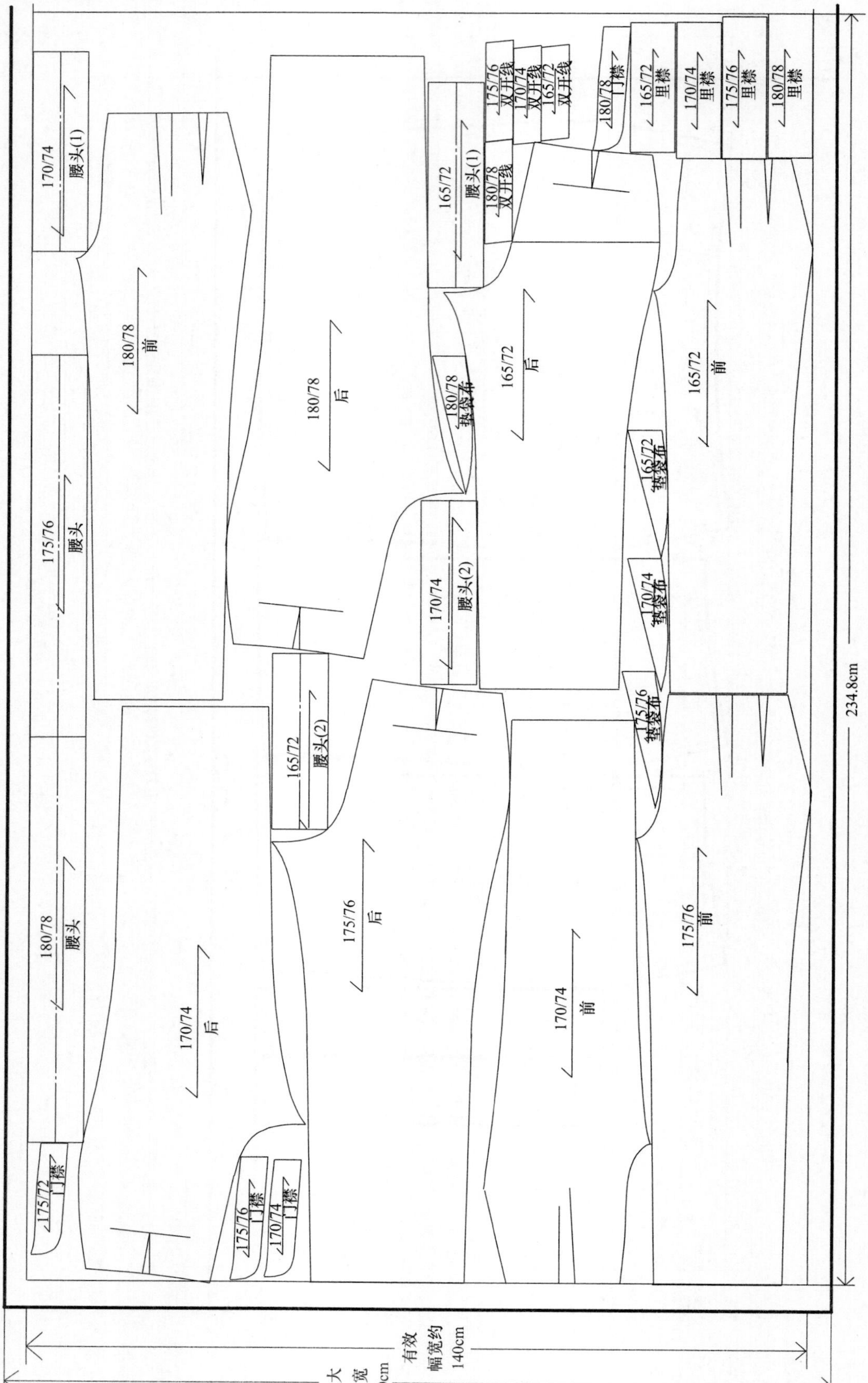

图7-5 四个不同型号的男西裤面布排板（用于无方向性、无需对条格面料排板）

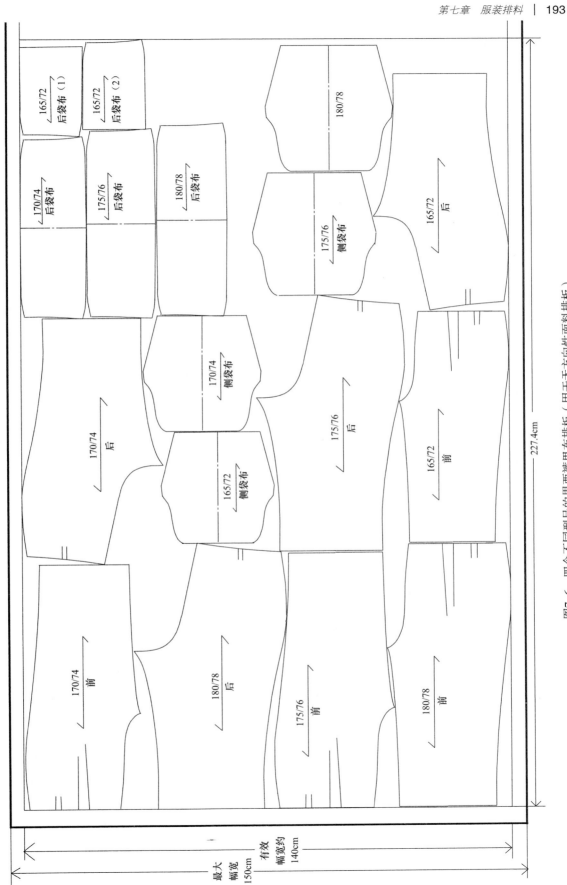

图7-6　四个不同型号的男西裤里布排板（用于无方向性面料排板）

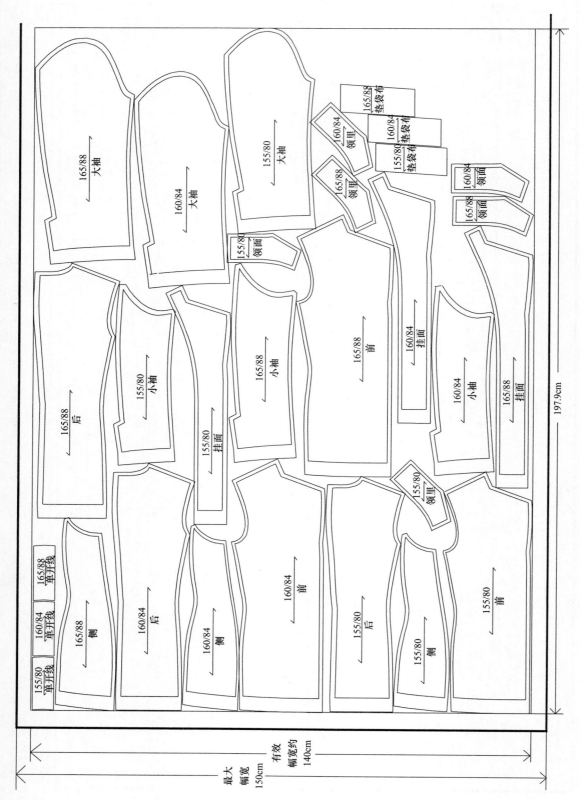

图7-7 三个不同型号的女西服面布排板（用于有方向性、无需对条格的面料排板）

## 本章小结

1. 服装排料的原则。

2. 服装排料的方法。

3. 服装排料的步骤。

4. 服装用料估算。

5. 各款式服装样板的排料。

## 练习题

1. 服装排料应遵循哪些原则?

2. 服装排料的方法有哪些?

3. 简述服装排料的步骤。

4. 服装用料如何估算?

5. 完成一款裤子的面料、里料样板排料。

6. 完成一款西装的面料、里料样板排料。

**理论与应用——**

**服装样板管理**

课题名称：服装样板管理

课题内容：1．服装样板的审核

2．样板的保存

3．样板的领用管理

课题时间：2课时

教学目的：1．掌握服装样板的审核内容。

2．熟悉样板的存放条件。

3．熟悉样板的领用管理制度。

教学重点：样板的存放及领用制度。

教学要求：1．让学生走进企业板房观摩样板的存放方式及样板领用

管理制度。

2．详细讲解样板的审核、存放、领用管理知识。

# 第八章　服装样板管理

## 一、服装样板的审核

样板审核是一项技术性很强的工作，要求认真细致，不得有丝毫差错。通常由企业生产技术部门、产品开发部门中有丰富经验的专业人员进行审核。审核内容如下：

（1）款式结构与各部位的比例、大小、形态及位置是否与实物样品、效果图、照片或来样一致。

（2）测量各个拼接部位的尺寸是否一样，能不能吻合。

（3）所有衣片与零部件是否齐全，有无漏缺。

（4）所有标注是否清晰、准确、不可漏注。

（5）各档规格是否齐全，跳档应准确。

（6）规格尺寸的缩放、加工损耗、缝头加放，贴边是否准确。

（7）样板四周直线是否顺直，弧线是否圆顺。

（8）定位、标记、刀口是否有准确标识。

（9）印绣花位置是否准确标出。

（10）各组合部位如领、袖、袋、面里衬等是否相容相符。

（11）是否考虑材料性能及制作工艺特点等。

对于初次试制的样板，应通过单件及小批量样品试制验收合格后，进行生产。如果是手工打的样板，审核后应做好记录，并在样板四周关键部位加盖样板审核验讫章。未经审核通过的样板，一律不准交付使用。审核通过的样板，任何人不得以任何理由擅自修改。必要时须经主管部门批准，由专职人员负责修订或增补，并立即处理掉不合要求的样板，以免误用。

## 二、样板的保存

对于服装CAD完成的存在软件中的样板，审核后需把该板款号、名称标注清楚，建立单月的文件夹，每月进行统计总结，把最后确认的正确的各个样板复制到移动硬盘存档，或者两台电脑互存，避免电脑发生故障时资料丢失。返单时进行利用，以免重打板与原来的板型不一致，造成客户投诉或浪费时间。

现在还有很多中小企业在制板时采用手工操作，或从计算机中输出切好的样板，此种实物样板应对其进行分类建卡，对样品的品名、款号、规格、板数、使用情况、存放位置等进行详细登记，做到账、卡、物三相符。样板吊挂时应在适当位置打孔、穿绳。样板室环境应整洁、通风、干燥、无阳光直射，且应防鼠咬。样板应保持完整，管理人员不得修改样板，更不能私自出借，也不得复制样板。存放时间较长的样板，再次领用时，应先进行规格、板型、板数等复查。企业可以自行制定样板保管期，对过期样板定期进行清理，以保证样板室有足够的空间。样板经领用归还时，管理人员应认真清点样板数量，并检查样板的完好性。

对于来自客户的样板，则必须妥善保存2年，并填写样板管理单（表8-1）。

表8-1　样板管理单

| 客　号 | 款　号 | 产品名称 | 收到日期 | 销毁通知人 | 销毁日期 | 备　注 |
|---|---|---|---|---|---|---|
| | | | | | | |
| | | | | | | |
| | | | | | | |
| | | | | | | |
| | | | | | | |
| | | | | | | |
| 填单人： | | | | | | |

## 三、样板的领用管理

样板在服装企业生产中占重要作用，样板的短缺、损坏、遗失会影响生产各环节的顺利开展，因此，建立样板领用制度是非常有必要的。

对于保存在计算机中的样板领用时有如下规定：

（1）打板师核对制单的客户、款号，确认无误后才能将板调出打印、切割，如图8-1所示。

图8-1　调板打印

（2）对已画好或切割好的纸样板进行检查，看有无少板或板型有无出错情况。

（3）生产部门或加工单位来领板，应根据制单核对好款号，无误再交接，填表并签名（表8-2）。

表8-2　复板管控表

| 客　号 | 款　号 | 通知复板日期 | 复板人 | 领板人 | 回收日期 | 销毁日期 | 备　注 |
|---|---|---|---|---|---|---|---|
| | | | | | | | |
| | | | | | | | |
| | | | | | | | |
| | | | | | | | |

（4）生产完成，必须追回整副纸板，进行保存，并按规定时间做销毁处理。

对于实物样板的领用制度主要有如下规定：

（1）样板领用时，必须凭生产通知单从样板室领取。

（2）领用样板时，必须填写样板领用记录单（表8-3），说明用途、使用期限等。

表8-3　样板领用记录单

| 合同号： | | | 生产通知单： | | |
|---|---|---|---|---|---|
| 品名： | | | 款号： | | |
| 规格 | 面料样板数 | 里料样板数 | 附件样板数 | 工艺样板数 | 样板总数 |
| | | | | | |
| | | | | | |
| | | | | | |
| | | | | | |
| 备注： | | | | | |
| 领用部门：　　　　　　　　经手人：　　　　　　　　用途： | | | | | |
| 领出日期：　　年　月　日　　计划使用日期：　　天　　归还日期：　　年　月　日 | | | | | |
| 样板保管人： | | | | | |

（3）样板领用经手人在领取样板时必须清点数量，并查看样板是否盖有审核验讫章，没有盖章的样板不得使用。

（4）领用的样板与所持生产通知单应相符。

（5）样板领取后，应由使用部门妥善保管，不得损坏、遗失，不得出借他人或其他单位，也不可与不同款式的样板混放，以免出差错。

（6）样板使用中如发生损坏或遗失，应及时上报，并由有关人员负责复制，使用者不得随意修整或复制。

（7）样板使用完毕后应如数归还，并办理归还手续。

## 本章小结

1．服装样板的审核。

2．服装样板的存放。

3．服装样板的领用管理。

## 练习题

1．服装样板的审核有哪些内容？

2．服装样板应如何存放？

3．服装样板的领用如何管理？

# 参考文献

[1] 中泽 愈. 人体与服装 [M]. 袁观洛，译. 北京：中国纺织出版社，2000.

[2] 日本文化服装学院. 服饰造型基础：服饰造型讲座①[M]. 张祖芳，等译. 上海：东华大学出版社，2005.

[3] 张祖芳. 服装平面结构设计[M]. 上海：上海人民美术出版社，2009.

[4] 余国兴. 服装工业制板[M]. 上海：东华大学出版社，2009.

[5] 骆振楣. 服装结构制图[M]. 北京：高等教育出版社，2006.

[6] 戴孝林，许继红. 服装工业制板[M]. 北京：化学工业出版社，2007.

[7] 吕学海，杨奇军. 服装工业制板[M]. 北京：中国纺织出版社，2002.

[8] 张宏仁. 服装企业板房实务[M]. 北京：中国纺织出版社，2009.

[9] 李正，顾鸿炜. 服装工业制板[M]. 上海：东华大学出版社，2008.

[10] 日升在线服装技术网[EB/OL]. http://www.51nacs.com

[11] 国家质量监督检验检疫总局，国家标准化管理委员会.GB/T 1335. 2—2008服装号型女子[S].北京：中国标准出版社，2009.

[12] 国家质量监督检验检疫总局，国家标准化管理委员会.GB/T 1335. 1—2008服装号型男子[S].北京：中国标准出版社，2009.

[13] 国家质量监督检验检疫总局，国家标准化管理委员会.GB/T 1335. 2—2008服装号型女子[S].北京：中国标准出版社，2009.

# 附录

附表 1 生产单流程

| 客号 | 款号 | 产品名称 | 数量 | 日期 | | | | 理单员 | | 板师 | 打板完成日 | 样衣完成日 | 排板 | | 样衣移交 | 复板日 | 备注 |
| --- | --- | --- | --- | --- | --- | --- | --- | --- | --- | --- | --- | --- | --- | --- | --- | --- | --- |
| | | | | 下单日 | 规格表 | 走柜日 | 下生产日 | 预计 | 实报 | | | | 预报 | 实报 | | | |
| | | | | | | | | | | | | | | | | | |
| | | | | | | | | | | | | | | | | | |
| | | | | | | | | | | | | | | | | | |
| | | | | | | | | | | | | | | | | | |
| | | | | | | | | | | | | | | | | | |
| | | | | | | | | | | | | | | | | | |
| | | | | | | | | | | | | | | | | | |
| | | | | | | | | | | | | | | | | | |
| | | | | | | | | | | | | | | | | | |

### 附表2　生产用量排图记录表

理单号：　　客户：　　款号：　　品名：　　排板人：　　日期：　　审核人：　　表格编号：

| 组别 | 颜色搭配 | 数量配比 | 合计 |
|---|---|---|---|
| 一组 |  |  |  |
| 二组 |  |  |  |
| 三组 |  |  |  |
| 四组 |  |  |  |
| 五组 |  |  |  |
| 六组 |  |  |  |

| 布料名称 | 部位 | 实排宽度 | 类别 | 用比量例 |
|---|---|---|---|---|
|  |  |  |  |  |
|  |  |  |  |  |
|  |  |  |  |  |
|  |  |  |  |  |
|  |  |  |  |  |

附表3　裁剪样交接表

| 客号 | 款号 | 品名 | 件数 | 生产厂签名 | 借出日期 | 回收日期 | 品管部签名 | 交接日期 | 技术部签名 | 交接日期 | 备注 |
|---|---|---|---|---|---|---|---|---|---|---|---|
| | | | | | | | | | | | |
| | | | | | | | | | | | |
| | | | | | | | | | | | |
| | | | | | | | | | | | |
| | | | | | | | | | | | |
| | | | | | | | | | | | |
| | | | | | | | | | | | |
| | | | | | | | | | | | |
| | | | | | | | | | | | |
| | | | | | | | | | | | |
| | | | | | | | | | | | |
| | | | | | | | | | | | |
| | | | | | | | | | | | |

**附表 4　裁剪车间拉布记录单**

裁剪组别:　　客户号:　　款　号:　　款　式:　　床号:

材料名称:　　幅　宽:　　总件数:　　总用量:

| 码号配比 | | | | | | | |
|---|---|---|---|---|---|---|---|
| 裁剪指令 | | | | | | | |
| 板长（米） | | | | | | | |
| 编号 | 颜色 | 码数 | 层数 | 布尾 | | | |
| | | | | | | | |
| | | | | | | | |
| | | | | | | | |

一联：存根

| 码号配比 | : : : : : : | | |
|---|---|---|---|
| 裁剪指令 | | | |
| 板长（米） | | | |
| | 颜色 | 层数 | 件数 |
| | | | |
| | | | |
| | | | |

二联：生产部

| 编号 | 颜色 | 码数 | 层数 | 布尾 |
|---|---|---|---|---|
| | | | | |
| | | | | |
| | | | | |

## 附表5 裁剪明细表

客户号：　　　款号：　　　款式：　　　床号：　　　日期：

| 一联：存根 | | | | | | | | | | | | | | | | | | 二联：缝制车间 | | |
|---|---|---|---|---|---|---|---|---|---|---|---|---|---|---|---|---|---|---|---|---|
| 码号 | | | 码号 | | | 码号 | | | 码号 | | | 码号 | | | 码号 | | | 码号 | | |
| 扎号 | 颜色 | 件数 | 扎号 | 颜色 | 件数 | 扎号 | 颜色 | 件数 | 扎号 | 颜色 | 件数 | 扎号 | 颜色 | 件数 | 扎号 | 颜色 | 件数 | 扎号 | 颜色 | 件数 |
| | | | | | | | | | | | | | | | | | | | | |
| | | | | | | | | | | | | | | | | | | | | |
| | | | | | | | | | | | | | | | | | | | | |
| | | | | | | | | | | | | | | | | | | | | |
| | | | | | | | | | | | | | | | | | | | | |
| | | | | | | | | | | | | | | | | | | | | |
| | | | | | | | | | | | | | | | | | | | | |
| | | | | | | | | | | | | | | | | | | | | |
| | | | | | | | | | | | | | | | | | | | | |
| | | | | | | | | | | | | | | | | | | | | |
| | | | | | | | | | | | | | | | | | | | | |

主管：　　　　　主裁：　　　　　分扎：

## 附表6 缝制车间补片申请单

一联：存根　　二联：品管部

| 客户号 | | 款　号 | | 床　号 | |
|---|---|---|---|---|---|
| 颜　色 | | 码　号 | | | |
| 布料名称 | | 裁片编号 | | 裁片部位 | |
| 日　期 | | 交单时间 | | 补片数量 | |
| 补片原因 | □车间缝制问题　□材料质量问题　□裁剪车间问题 | | | 返回时间 | |
| | □印花问题　□绣花问题　□其他 | | | | |
| | （如补片原因属车间分值错误外其他原因的，需品管部负责人签字。） | | | | |

备注：（可记录补片原因详情）

缝制小组：　　　　　　　　组　　　　　　日期：　　月　　日

组　　长：　　　　　　　品管部负责人（必要时签字）：　　　　　　补片员：

附表7 计划进度跟踪表

| 客户号 | 款号 | 品名 | 数量 | 跟踪进度 | 预计面料到货 | 实际面料到货 | 预计辅料到货 | 实际辅料到货 | 是否本厂裁剪 | 预计裁剪日期 | 实际开裁日期 | 印绣花完时间 | 缝制单位 | 计划上线日期 | 实际上线日期 | 预计下线日期 | 实际下线日期 | 后整上线日期 | 后整结束日期 | 走柜日期 |
|---|---|---|---|---|---|---|---|---|---|---|---|---|---|---|---|---|---|---|---|---|
| | | | | | | | | | | | | | | | | | | | | |
| | | | | | | | | | | | | | | | | | | | | |
| | | | | | | | | | | | | | | | | | | | | |
| | | | | | | | | | | | | | | | | | | | | |
| | | | | | | | | | | | | | | | | | | | | |
| | | | | | | | | | | | | | | | | | | | | |
| | | | | | | | | | | | | | | | | | | | | |
| | | | | | | | | | | | | | | | | | | | | |
| | | | | | | | | | | | | | | | | | | | | |
| | | | | | | | | | | | | | | | | | | | | |
| | | | | | | | | | | | | | | | | | | | | |
| | | | | | | | | | | | | | | | | | | | | |
| | | | | | | | | | | | | | | | | | | | | |
| | | | | | | | | | | | | | | | | | | | | |
| | | | | | | | | | | | | | | | | | | | | |

**附表8　外协厂调查评估表**

| 厂　名 | | 联系人 | |
|---|---|---|---|
| 加工的产品 | | | |
| 土地面积 | 自有□　租赁□　　m² | 地　址 | |
| | 建筑面积　自有□　租赁□　　m² | 电　话 | |
| | | 传　真 | |
| 投产情况 | 年　月　日 | 与×××合作日期 | 年　月　日 |
| 员工人数 | | 管理人员配置 | |
| 设备状况 | 主要生产设备:(名称、数量)评价:　齐全、良好□　　基本齐全、尚可□　　不齐全□ | | |
| 质量保证能力 | 技术、管理、工艺文件:　齐备□　　有一部分□　　没有□ | | |
| | 质检机构:　有设置□　　无设置□ | | |
| | 检验、检测和试验设备的名称及数量: | | |
| 产品实物质量 | | 交期情况 | |
| 年度考核 | 交期评分:　　　　　　　品质评分: | | |
| 等级 | A□　　B□　　C□　　D□ | | |
| 评审结论 | 意见: | | |
| 审批 | | 参评人员 | |
| | | 签名:　　　　　　年　月　日 | |

**附表9 跟单人员进度跟踪反馈表**

| 生产单位 | 客户号 | 款号 | 品名 | 数量 | 合同交期 | 预计完成 | 上线时间 | 生产人数 | 成品数量 | 材料情况 | 累计成品 | 备注 |
|---|---|---|---|---|---|---|---|---|---|---|---|---|
| | | | | | | | | | | | | |
| | | | | | | | | | | | | |
| | | | | | | | | | | | | |
| | | | | | | | | | | | | |
| | | | | | | | | | | | | |
| | | | | | | | | | | | | |
| | | | | | | | | | | | | |
| | | | | | | | | | | | | |

跟单员：

填报日期：　　　年　月　日

生产单位所有进度跟单人员报计划部存档

附表10　质量记录总览表（技术部）

| NO. | 表单编号 | 表单名称 | 版本 | 保存期限 | 建立部门 | 存档部门 |
|---|---|---|---|---|---|---|
| 1 | QR 06/00—02 | 寄样评审单 | D | 1年 | 技术部 | 外贸部 |
| 2 | QR 06/00—03 | 样衣流动一览表 | D | 2年 | 技术部 | 技术部 |
| 3 | QR 06/00—04 | 寄样进度表 | D | 1年 | 技术部 | 技术部 |
| 4 | QR 06/00—05 | 样板管理 | D | 3年 | 技术部 | 技术部 |
| 5 | QR 06/00—06 | 裁剪进度表 | D | 1年 | 技术部 | 技术部 |
| 6 | QR 06/00—07 | 做样交货记录表 | D | 1年 | 技术部 | 技术部 |
| 7 | QR 06/00—08 | 样衣移交登记表 | D | 1年 | 技术部 | 技术部 |
| 8 | QR 06/00—09 | 图片入存明细表 | D | 2年 | 技术部 | 技术部 |
| 9 | QR 06/00—10 | 辅料包流动表 | D | 2年 | 技术部 | 技术部 |
| 10 | QR 06/00—11 | 客户留样一览表 | D | 3年 | 技术部 | 技术部 |
| 11 | QR 06/00—13 | 生产单流程 | D | 1年 | 技术部 | 技术部 |
| 12 | QR 06/00—14 | 尺码表 | D | 3年 | 技术部 | 外贸部 |
| 13 | QR 06/00—15 | 裁剪样、留样流动一览表 | D | 1年 | 技术部 | 技术部 |
| 14 | QR 06/00—16 | 裁剪样裁剪进度表 | D | 1年 | 技术部 | 技术部 |
| 15 | QR 06/00—17 | 裁剪样发货记录表 | D | 1年 | 技术部 | 技术部 |
| 16 | QR 06/00—18 | 生产用量排图记录表 | D | 2年 | 技术部 | 技术部 |
| 17 | QR 06/00—19 | 排板记录表 | D | 1年 | 技术部 | 技术部 |
| 18 | QR 06/00—20 | 复板管控表 | D | 1年 | 技术部 | 技术部 |
| 19 | QR 06/00—21 | 绣印花确认进度管控表 | D | 1年 | 技术部 | 技术部 |
| 20 | QR 06/00—22 | 制单、裁剪样移交表 | D | 1年 | 技术部 | 技术部 |